まなびのずかん

親子で楽しむ
和算の図鑑

谷津綱一 著

技術評論社

はじめに

　戦乱の世も収まった江戸時代。
　これまで各地でバラバラだった度量衡や貨幣が統一され、人や物の行き来が盛んになります。経済が安定し全国で物がつくられるようになると、庶民の購買意欲もおのずと高まっていきました。
　家計に余裕ができると子供たちは寺子屋で学び始め、こぞってソロバンの習得に精を出します。そのための算術の教科書も数多く書かれました。冒頭は九九、続いて文章題、平面図形に立体図形。江戸時代の教科書も今と変わらぬ構成です。

　さて本書は、江戸時代の人々が何を学び暮らしにどう役立てたか、それを小学生にも伝わるよう、図解しながら紹介します。みなさんもタイムスリップした気分で、当時の問題を楽しんでください。

　最後になりますが、技術評論社の渡邉悦司氏に根気強くご指導をいただき、ここに完成をみることになりました。感謝申し上げます。

2019年7月　著者

CONTENTS

本書の使い方 6

1章　数や計算を知る 7

1. 江戸時代の数字を知ろう 8
2. 江戸時代の大きな数 12
3. 江戸時代の小さな数 16
4. 江戸時代も最初はやはり九九 18
5. わり算にだって九九がある 20
   コラム① 江戸時代の算法 22

2章　数やお金の単位を知る 23

1. 重さの単位 24
2. 物の長さを測る 28
3. 距離を測る 34
4. 広さを測る 38
5. 土砂などの体積を量る 42
6. かさを知る 44
7. 小判の単位（金貨） 50
8. 銭を使う（銅貨） 52
9. 銀を使う（銀貨） 54
10. 三貨制度のこと 56
11. 武士の俸禄 58
12. 刻をきざみ暦と暮らす 60
    コラム② 枡の容積 62

3章　江戸の単位を上手に使いながら計算しよう 63

1. 重さの単位の計算 64
2. 長さの単位の計算 66
3. かさの単位の計算 70
4. 広さの単位の計算 74
5. 体積や容積の単位の計算 78
6. いろいろな計算 80
   コラム③ 江戸っ子はファーストフードが好き ... 84

4章　比や割合を使いこなした江戸時代 85

1. くらべる量ともとにする量 86
2. ものさしの換算 92
3. 比や割合を線分図で表す 94
4. 長崎の買い物 98
5. 味噌・醤油の仕込み 100
6. 消去算 102

7.	割合が一定に増減する	104
8.	交会術	106
9.	歩合を理解しよう	108
10.	今では使われない割合	110
11.	線分図のまとめ	112
コラム❹	利足の算法	114

5章　面積図を使いこなす算法　115

1.	面積図から逆比を使う	116
2.	鶴亀算	120
3.	絹盗人算	124
4.	俵杉算	126
5.	入子算	130
6.	橋入目算	132
7.	竹束問題	134
コラム❺	習わしによる算法	136

6章　両替の計算　137

1.	銭の売買	138
2.	小判両替	142
コラム❻	いろいろと考えるかさの計算	144

7章　図形の絡む算法　145

1.	畳敷きの問題	146
2.	屏風に金箔を貼る	148
3.	拡大や縮小から面積の比や体積の比を求める	150
4.	拡大や縮小を利用して距離や高さを知る	154
コラム❼	江戸時代の知恵	160

8章　江戸の算術パズル　161

1.	百五減算	162
2.	薬師算	164
3.	三角錐垜	166
4.	四角錐垜	168
5.	油分け算	170
6.	円法	172
7.	開平法と開立法	176

| 付録 | 算術問題 & 難易度INDEX | 178 |
| さくいん | | 190 |

本書の使い方

　本書は、江戸時代の人々に使われていた数やお金、重さ、量などの単位と、さまざまな算術を紹介しています。

　また、塵劫記をはじめとした算術書や、そこに描かれた挿絵などとともに、当時の暮らしを知ることができます。

　さらに本書では、8段階の難易度に分かれた102問を用意しています。江戸の算術は、方程式を使わないため、小学校の算数の知識があれば、大丈夫です。子どもも大人もチャレンジすることができます。なお、各問題の難易度は巻末（p.178）を参照してください。

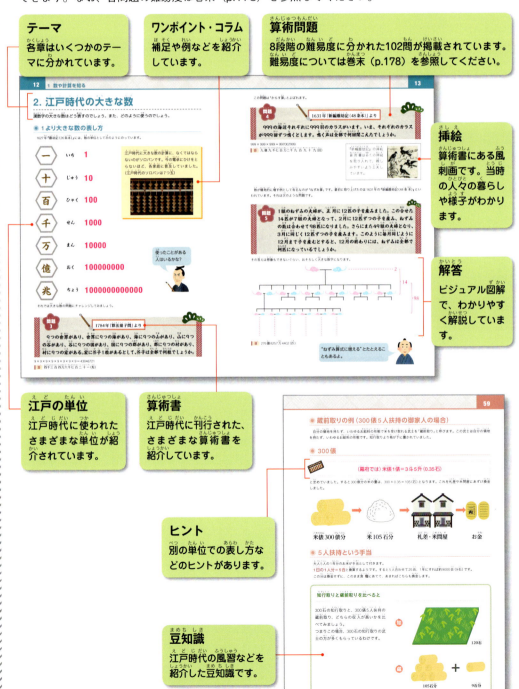

テーマ
各章はいくつかのテーマに分かれています。

ワンポイント・コラム
補足や例などを紹介しています。

算術問題
8段階の難易度に分かれた102問が掲載されています。難易度については巻末（p.178）を参照してください。

挿絵
算術書にある風刺画です。当時の人々の暮らしや様子がわかります。

解答
ビジュアル図解で、わかりやすく解説しています。

江戸の単位
江戸時代に使われたさまざまな単位が紹介されています。

算術書
江戸時代に刊行された、さまざまな算術書を紹介しています。

ヒント
別の単位での表し方などのヒントがあります。

豆知識
江戸時代の風習などを紹介した豆知識です。

1 数や計算を知る

1. 江戸時代の数字を知ろう　　　　　　　　　　　　p.8
2. 江戸時代の大きな数　　　　　　　　　　　　　　p.12
3. 江戸時代の小さな数　　　　　　　　　　　　　　p.16
4. 江戸時代も最初はやはり九九　　　　　　　　　　p.18
5. わり算にだって九九がある　　　　　　　　　　　p.20
   コラム❶　江戸時代の算法　　　　　　　　　　　p.22

1. 江戸時代の数字を知ろう

ふだん私たちが使っている数字を"算用数字"と言います。さて江戸時代はどうだったのでしょうか。

● 江戸は漢数字を使う

江戸時代は漢数字を使っていました。
その中に大字というものもあり、これらも漢数字のひとつです。
このうち壱、弐、拾以外は、あまり使われなかったようです。

算用数字	1	2	3	4	5
漢数字	一	二	三	四	五
大字	壱	弐	参	肆	伍

算用数字　　1、2、3、…
漢数字　　　一、二、三、…
ローマ数字　Ⅰ、Ⅱ、Ⅲ、…
インド数字　١、٢、٣、…
このように数字にもいろいろある。

江戸時代末期になると、ようやく算用数字ののった教科書も登場するよ。

20	30
卄（廿）	卅

今、"卄（廿）"や"卅"をみることはないわね。

算用数字

6	7	8	9	10

漢数字

六	七	八	九	十

大字

陸	漆	捌	玖	拾

成り立ち？ 覚え方？

さて1685年『新編塵劫記』には右のように数が紹介されています。

たとえば八ならば「分」の文字から「刀」の部分をのぞき、九ならば「丸」の文字から「点（、）」の部分をのぞくとのっています。

成り立ちでしょうか覚え方でしょうか…。いずれにしてもちょっと難解です。

● 漢数字を組み合わせる

ところで下に書かれた数は、いったいいくつでしょうか。みなさん当ててみましょう。

〈 二十一 〉　〈 二 拾 壱 〉

〈 弐 拾 一 〉　〈 廿 一 〉

これらはすべて、同じひとつの数を表しています。それは算用数字でいう21です。当時はこのように、ひとつの数でもさまざまな表し方があったのです。それでは漢数字を組み合わせた問題にチャレンジしてみましょう。

問題1 江戸時代は次の数をどのように書いたでしょうか。江戸の庶民になったつもりで答えてください。
(い) 25　(ろ) 201　(は) 1020

答 (い) 二十五、二拾五、弐拾五、弐十五、廿五
(ろ) 二百一、弐百一、二百壱、弐百壱、など
(は) 千二十、千二拾、千弐十、千弐拾、千廿、など

問題2 次の計算を、算用数字で答えてください。
(い) 拾五と廿一を加えます。
(ろ) 二拾壱に十弐を加えます。
(は) 卅二から弐十をひき、拾壱を加えます。

答 (い) 15 + 21 = 36　**答** 36
(ろ) 21 + 12 = 33　**答** 33
(は) 32−20 + 11 = 23　**答** 23

二年一組と書いても、弐年壱組はないわ。

● 江戸時代の0は？

算用数字でいう201のような0を含む数は、漢数字では次のように表しました。

このように、漢数字には0が登場する場面はないようです。
"零"や"令"と記述された書を見かけることもありますが、庶民が使うことはほぼなかったようです。ほかにも"○"や"欠"という記述がありましたが零や令と同じ意味です。

3－3＝0 という計算はなかった。
三ひく三は欠だった。

集計に使う文字

現在、集計のときに"正"の字を書きますが、1716年『算法大全指南車』によると、江戸時代は"玉"という字でした。

❶ ❷ ❸ ❹ ❺

❶ ❷ ❸ ❹ ❺

2. 江戸時代の大きな数

漢数字の大きな数はどう表すのでしょう。また、どのように使うのでしょう。

● 1 より大きな数の表し方

1627年『塵劫記(26条本)』には、数の単位として次のようにのっています。

 いち　1

 じゅう　10

 ひゃく　100

 せん　1000

 まん　10000

 おく　100000000

 ちょう　1000000000000

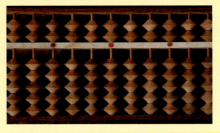

江戸時代に大きな数の計算に、なくてはならないのがソロバンです。今の電卓にひけをとらないほど、各家庭に普及していました。
(江戸時代のソロバンは7つ玉)

使ったことがある人はいるかな？

それでは大きな数の問題にチャレンジしてみましょう。

問題3

1784年『算法童子問』より

9つの世界があり、世界に9つの海があり、海に9つの山があり、山に9つの谷があり、谷に9つの国があり、国に9つの郡があり、郡に9つの村があり、村に9つの家がある。家に芥子1粒があるとして、芥子は全部で何粒でしょうか。

9×9×9×9×9×9×9×9＝43046721

 よんせんさんびゃくよんまんろくせんななひゃくにじゅういちつぶ
四千三百四万六千七百二十一(粒)

この問題は「からす算」とよばれます。

問題 4

1631年『新編塵劫記（48条本）』より

999の海辺それぞれに999羽のカラスがいます。いま、それぞれのカラスが999回ずつ鳴くとします。鳴く声は全部で何回聞こえたでしょうか。

999 × 999 × 999 ＝ 997002999

答 九億九千七百万二千九百九十九（回）

『新編塵劫記』の挿絵
算術書は多くの挿絵を取り入れて、親しみやすいよう工夫しています。

数が爆発的に増す例として有名なのが「ねずみ算」です。最初に取り上げたのは1631年の『新編塵劫記（48条本）』といわれています。それは次のような問題です。

問題 5

1組のねずみの夫婦が、正月に12匹の子を産みました。この合せた14匹が7組の夫婦となって、2月に12匹ずつの子を産み、ねずみの数は合わせて98匹になりました。さらにまた49組の夫婦となり、3月に同じく12匹ずつの子を産みます。このように毎月同じように12月まで子を産むとすると、12月の終わりには、ねずみは全部で何匹になっているでしょうか。

その答えは想像もできないぐらい、おそろしく大きな数字になります。

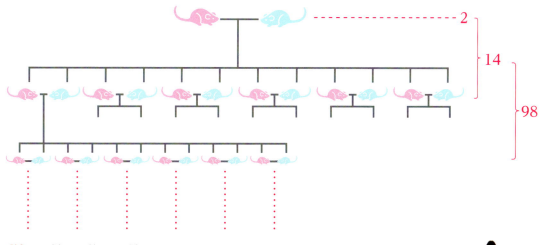

答 276億8257万4402（匹）

"ねずみ算式に増える"とたとえることもあるよ。

14　1　数や計算を知る

● まだまだ続く大きな数

"兆"より大きな数がまだまだ続きます。

多くは仏教用語からとられている。
「恒河沙」の恒河はガンジス川で沙
は砂。つまりガンジス川の砂のよ
うにたくさんのこと。
「阿僧祇」は成仏するまでに必要な
時間の長さのこと。やはり長い（た
くさん）の例え。
「那由他」は数えることができない
ほど大きな数という意味。
「不可思議」は議論が必要ないほ
どの大きな数なのだ。

京　けい　10000000000000000
（0が16個）

垓　がい　100000000000000000000
（0が20個）

秭　ちょ　1000000000000000000000000
（0が24個）

穣　じょう　10000000000000000000000000000
（0が28個）

溝　こう　100000000000000000000000000000000
（0が32個）

澗　かん　1000000000000000000000000000000000000
（0が36個）

正　せい　10000000000000000000000000000000000000000
（0が40個）

載　さい　100000000000000000000000000000000000000000000
（0が44個）

極　ごく　1000000000000000000000000000000000000000000000000
（0が48個）

恒河沙　ごうがしゃ
10000000000000000000000000000000000000000000000000000
（0が52個）

阿僧祇　あそうぎ
100000000000000000000000000000000000000000000000000000000
（0が56個）

那由他　なゆた
1000000000000000000000000000000000000000000000000000000000000
（0が60個）

不可思議　ふかしぎ
10000000000000000000000000000000000000000000000000000000000000000
（0が64個）

無量大数　むりょうたいすう
100000000000000000000000000000000000000000000000000000000000000000000
（0が68個）

万進法（大乗）

1万ごとに単位が繰り上がることを万進法といいます。繰り上がりは以下のようになります。

1　10　100　1000　　1万　10万　100万　1000万　　1億　10億　100億　1000億

1兆　10兆　100兆　1000兆　　1京　10京　100京　1000京　　1垓　10垓　100垓　1000垓……

1627年『塵劫記(26条本)』では、10万＝1億（これを小乗という）とあり、1631年『新編塵劫記(48条本)』では、10000万＝1億(大乗)の両方がのっています。万進法(大乗)は1630年頃から使い始めたと考えられます。

答えが大きくなる問題として、次の問題が有名です。「ねずみ算」と同じく1631年『新編塵劫記(48条本)』に「日に日に1倍※のこと」としてのっています。

※今の2倍のことを当時は1倍と言い表したんだ。

問題 6
芥子の実1粒を毎日2倍にしていくと、120日目には何粒になりますか。

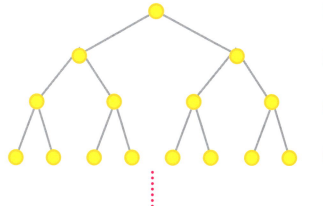

1日目　1
2日目　1×2
3日目　2×2
4日目　4×2

気が遠くなる計算ですね。答えはとてつもなく大きいので、パソコンでやらなければ無理でしょう（2^{119}という計算）。当時はソロバンでコツコツと計算したのでしょうか…。

答 [新編塵劫記の表し方]

六千六百四十六溝千三百九十九穣七千八百九十二秭
四千五百七十九垓三千六百四十五京千百零三兆五千三百令
一億四千令十七万二千二百八十八（粒）

答 [現代の表し方]

6646溝1399穣7892秭4579垓3645京1903兆5301億4017万2288（粒）

あんぱんの上に振りかかっている、煎った芥子の実。

3. 江戸時代の小さな数

漢数字の小さな数はどう表すのでしょう。また、どのように使うのでしょう。

● 1より小さな数の表し方

江戸時代は小数や分数という考え方はありません。そのため1より小さな数には以下のような単位を用意しました。つまり小数第1位を分、第2位を厘…と表します。

単位	読み	小数	分数
分	ぶ	0.1	$\frac{1}{10}$
厘	りん	0.01	$\frac{1}{100}$
毫	もう	0.001	$\frac{1}{1000}$
絲	し	0.0001	$\frac{1}{10000}$
忽	こつ	0.00001	$\frac{1}{100000}$
微	び	0.000001	$\frac{1}{1000000}$
繊	せん	0.0000001	$\frac{1}{10000000}$
沙	しゃ	0.00000001	$\frac{1}{100000000}$
塵	じん	0.000000001	$\frac{1}{1000000000}$
埃	あい	0.0000000001	$\frac{1}{10000000000}$

毫(毛)から絲(糸)へ。さらには微(わずかなこと)、繊(こまかい)、沙(すな)、塵(ちり)、埃(ほこり)という漢字が使われていることから、どんどん小さくなっていく様子がみてとれます。

『塵劫記』にはないが、埃よりさらに小さな単位として、

渺（びょう）　漠（ばく）

と出ている書物もある。

使い方

4.32ならば ➡ 4つ3分2リ（厘）[四つ三分二厘]

● 長さの単位"寸(p.28)"について、
5.45寸ならば ➡ 5寸4分5厘 [五寸四分五厘]

● 重さの単位"匁(p.24)"では、
45.603匁ならば ➡ 45匁6分3毫 [四十五匁六分三毫]

問題 7　1627年『塵劫記（26条本）』より

3060匁※を375に分けると、1つあたりはいくらになるでしょうか。

※ 匁は重さの単位(p.24)。

3060 ÷ 375 = 8.16

答　八匁 壱分六り（厘）ずつになる

問題 8　次は江戸時代に実際に使われた数です。算用数字の小数で書いてみましょう。

（い）三つと壱分四厘　　（ろ）十二と五分半　　（は）壱厘二三

答　（い）3.14　（ろ）12.55　（は）0.0123

● 歩合とは異なる「分」や「厘」

　江戸時代の1より小さな数は、今でいう歩合（割合を小数であらあしたもの）と似ています。ただし、次のように現代と江戸時代では、桁が1つ違う点に注意が必要です。

| 現代の歩合（割合） | 1分 = 0.01 | 1厘 = 0.001 | 1毛 = 0.0001 |
| 江戸時代の1より小さな数 | 一分 = 0.1 | 一厘 = 0.01 | 一毫 = 0.001 |

　同じ「分」という漢字を使っていても、1桁ずれますから、混ぜこぜにならないように注意しましょう。例えでよく使われる「九分九厘間違いない」の九分九厘は0.99（99％）のことです。現代の歩合で表す0.099（9.9％）とは異なります。9.9％では何となく中途半端ですよね。
　「十分」や「五分五分」などもそうで、0.1や0.05を指しているものではないのです。

4. 江戸時代も最初はやはり九九

かけ算のスタートはまず"九九"を覚えることです。このことは江戸時代も同じでした。

● かけ算の九九

　九九の表が多くの算術本にのっていて、これを寺子屋での手本としたのでしょう。子供たちが復唱する声が、長屋中に響いていた光景が目にうかびます。

平安中期（970年）源為憲による公家の教科書『口遊』には、九九が紹介されている。この頃にはすでに知られていたようだ。

　万葉集では「十六」と書いて「猪」と読ませたり、「三五月」と書いて「望月」と読ませます。十五夜（満月）を望月と言うことに由来します。

寺子屋の学び

　江戸時代に算術がこれほどまでに普及したのは、その当時「〇〇手習所」「〇〇堂」「〇〇塾」などと称していた寺子屋の存在が大きいです。最盛期には全国に15000軒以上あったとされます。寺子や筆子などとよばれる生徒たちは、だいたい7、8歳くらいから通い始め、卒業年齢はバラバラでした。寺子屋は生活に困らないような基礎学力を身につけさせることが目的で、お師匠さんが自宅を開放して教室を開いていました。多くの師匠はわずかな付け届けで生計を立てていたのです。

『世法塵劫記智玉筌』より

● 九九の声の表

表①をみると「二二ノ四」となっていますが、表③では「二二之四」とふり仮名があり、現代と同じです。

「三五十五」はあっても「五三十五」は書いてないから、ひっくり返して計算したのだろうね。

表① 1685年『新編塵劫記』

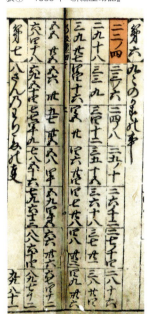

表② 1792年『改算智恵車大全』

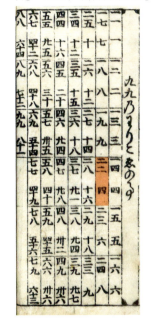

表③ 1827年『広用算法大全』

5. わり算にだって九九がある

九九はかけ算だけではありません。次にわり算の九九を紹介します。

● わり算の九九

わり算の九九は今ではめっきりすたれてしまいました。当時はどの算術の入門書にものっているので、庶民が当たり前のように学習する内容だったのでしょう。多くの家庭に普及していたソロバン。これを上手に使いこなすには、わり算の九九の習得はかかせなかったようです。

> ＜わり算九九のやり方＞
> わられる数とわる数の最も高い位の数字を比べ、「八算」というわり算の九九の表を使います。ただし、100÷16のように、最も高い位の数字が同じだった場合は、上から2桁目を比べます。そして、わられる数よりわる数の方がおおきければ、「見一」から「見九」という表を使います。

● 八算

1792年『改算智恵車 大全』の「八算」の表

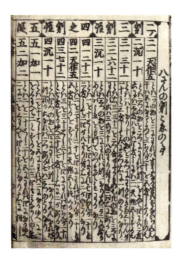
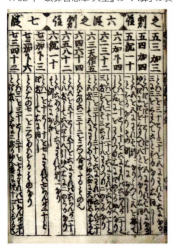

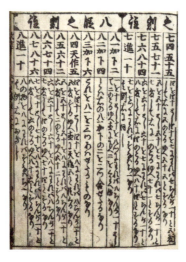
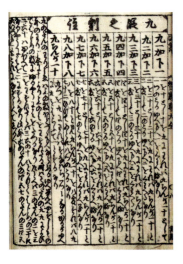

「八算」は"二一天作五" 1÷5（10÷5）で始まり、"九進一十" 9÷9で終わります。

● 見一

最上位の位が1ならば「見一」、2ならば「見二」、…と続きます。
最初に出てくるのは「見一無頭作 九 一」とあり、これが「見九無頭作 九 九」まで続きます。

1792年『改算智恵車大全』の表

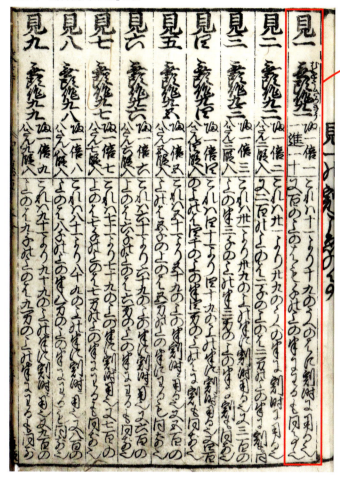

参考

100 ÷ 16 では、これを使い計算をはじめる。ここに書いてあるのは
100 + 0 → 90 + 10 → 80 + 20 → 70 + 30 → 60 + 40 としていき、商6を立てる（10 × 6 + 6 × 6 だから）。
次にあまり4を40とし、
40 + 0 → 30 + 10 → 20 + 20
として、商2を立て（10 × 2 + 6 × 2）
あまり8を80とし、
80 + 0 → 70 + 10 → 60 + 20 → 50 + 30 として、商5が立つ（10 × 5 + 6 × 5）
これら商を順に並べて
　100 ÷ 16 = 6.25
とする。

江戸時代後期に書かれた「東海道中膝栗毛（十辺舎一九）」では、主人公の一人でお調子者の喜多八が、「二一天作の八」とデタラメな計算をする場面が出てきます。わり算の九九は、当時の難解な計算の代名詞だったのでしょう。

＜当時の計算用語　1827年『広用算法大全』より＞

帰……1けたのわり算のこと
除……2けた以上のわり算のこと
因……1けたのかけ算のこと
乗……2けた以上のかけ算のこと
自因…1けたの同じ数をかけること
自乗…2けた以上の同じ数をかけること
折半…2つにわること
倍……もとの数を2つ寄せること
三之…もとの数を3つ寄せること
冪…同じ数をくりかえしかけること
これ以外にも、加、減、和、差、積、商などもあります。

22 1 数や計算を知る

コラム ❶ 江戸時代の算法

　たし算、ひき算、かけ算、わり算という加減乗除の計算は、江戸時代初期にはすでに知られていたことが算術書より伺えます。

　ただしその中で、

　　「2−2」のような答が0になる計算

　　「2−3」のような答えが負の数になる計算

　　「0×2」や「(−2)×3」のように、0や負の数を利用する計算

といったものは、特に江戸初期には出ていないようです。

　分数や小数もそうでした。

　ところでわり算の方法として、わり算の九九を紹介しました。これは帰除法とよばれ、わられる数とわる数の数字を比べて機械的に商を出す方法として知られています。一方、現代の私たちがしている、かけ算の九九から逆算し見当をつけながら商を導く方法を商除法といいます。これは江戸時代には「亀井算」とよばれていましたが、ソロバンではやりにくいことから、支持が広まることはなかったようです。

　もっとも、子どもたちみんながわり算をできたわけではありません。

　東海道中膝栗毛では喜多八が旅の途中で、菓子を売る14、5歳の小僧にたいして、「5文の餅が6つだからお代は15文」とごまかそうとしたところ、小僧は、「塵劫記の九九では売らない」として、5文ずつを6回に分けて30文受け取るという場面があります。

　こうしたかけ算やわり算を使わない計算方法を、「目の子算」あるいは「女児算」といいました。

＜目の子算の例＞

　　13÷3＝4あまり1　→　13−3−3−3−3＝1

2 数やお金の単位を知る

1.	重さの単位	p.24
2.	物の長さを測る	p.28
3.	距離を測る	p.34
4.	広さを測る	p.38
5.	土砂などの体積を量る	p.42
6.	かさを知る	p.44
7.	小判の単位（金貨）	p.50
8.	銭を使う（銅貨）	p.52
9.	銀を使う（銀貨）	p.54
10.	三貨制度のこと	p.56
11.	武士の俸禄	p.58
12.	刻をきざみ暦と暮らす	p.60
コラム❷	枡の容積	p.62

1. 重さの単位

今は使われることのない、江戸時代の重さを表す単位です。

● 匁の使い方

今は、2tトラック、体重60kg、牛肉200gなどと重さの単位を表しますが、それまでは"匁"という単位を使っていました。匁は昭和34年（1959年）に廃止されるまで、永いあいだ使われていました。

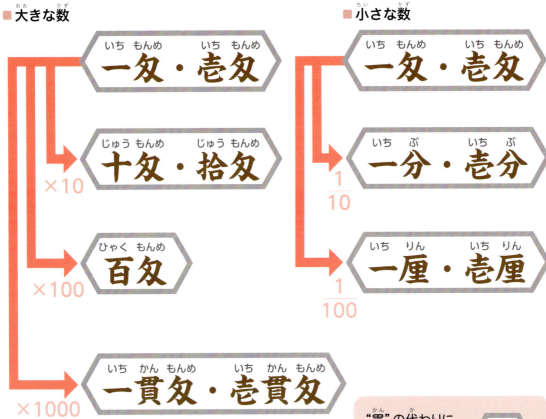

1000倍になると"貫"という単位を使いました。

書物によっては、1.5匁を1匁半、2.35匁を2匁3分半と表します。

1000倍	100倍	10倍	1	1/10	1/100
1貫匁	100匁	10匁	1匁	1分	1厘
1貫目	100目	10目			

"貫"の代わりに"〆"と書くこともある。

10の倍数では、匁の代わりに"目"を使う場合もあります。ただし決まった表し方ではありませんでした。

20匁＝20目、310匁＝310目

● 重さを量ってみよう

江戸時代は次のような道具で重さを量りました。

棹秤

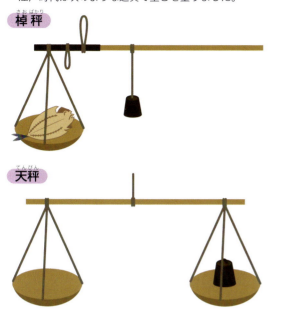

天秤

天秤に使うおもり（分銅）。1分から500匁ぐらいまでそろっていた。

1貫匁以上の重い物は、2人で"杠秤"というものを担いで量った。

▼1718年『大増益塵劫記大成』

▼1792年『改算智恵車大全』

▼1831年『算法稽古図会大成』

問題 9 次の重さは江戸時代にはどう書かれたでしょうか。
(い) 254匁　　(ろ) 420匁　　(は) 1300匁　　(に) 13200匁

答　(い) 弐百五拾四匁、二百五十四匁、など
　　(ろ) 四百二十匁、四百 廿 匁、四百二拾目、など
　　(は) 一貫三百匁、壱貫三百目、など
　　(に) 十三貫弐百匁、拾三貫二百目、など

問題 10 次の重さは江戸時代にはどう書かれたでしょうか。
(い) 12.3匁　　(ろ) 23.5匁　　(は) 3.45匁

答　(い) 拾弐匁三分、十二匁三分、など
　　(ろ) 廿三匁五分、二拾三匁五分、弐拾三匁半、など
　　(は) 三匁四分五厘、三匁四分半、など

2 数やお金の単位を知る

1匁は3.75gに相当します。
3.75gと言ってもピンとこないでしょう。これは5円玉1枚と同じ重さです。
CDは4匁。硬式のテニスボールで約15匁。りんごは約80匁。
お父さんの飲む缶ビール（350ml缶）は約100匁です。

重さ1匁

● 重さをくらべてみよう

長さ1寸（p.28）を辺とした立方体として、重さが次のようにあります。

	1631年 『新編塵劫記（48条本）』	1684年 『算法闕疑抄』	1827年 『広用算法大全』
金	175匁	146匁	160匁
銀	140匁	117匁	140匁
鉛	95匁	80匁	95匁
銅	75匁	63匁	75匁
真鍮	69匁	58匁	58匁
錫	63匁	53匁	53匁
鉄	60匁	50匁	49匁
栗	-	12匁5分	-
檜	-	3匁5分	3匁5分

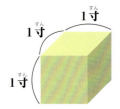

※1792年『改算智恵車大全』などには、土は80匁と載っている。

長さ1尺（p.28）を辺とした立方体としたときの重さです。

	1684年 『算法闕疑抄』	1820年 『萬徳塵劫記商売鑑』	1827年 『広用算法大全』
栗石	12貫600匁	-	13貫匁
土	10貫760匁	11貫匁	10貫800匁
砂	10貫400匁	-	-
水	7貫400匁	-	-

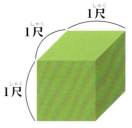

※栗石とは、岩や大きな石を栗の粒の大きさほどにくだいたもの。工事の基礎に使う。

● 中国との交易品

中国との取引には匁とは別に斤という単位も使われました。

斤

中国との交易は盛んで、たくさんの輸入品が入ってきた。

1斤 = 160匁 = 600g

これを"唐目1斤"とよびました。（1622年『割算書』）

1斤のいろいろな例

木綿は、平野目1斤といい 220匁（1792年『改算智恵車大全』）
くり綿は、白目1斤といい 230匁（1827年『広用算法大全』）
大坂へ送る薬種類は、山目1斤といい 250匁（1792年『改算智恵車大全』）
お茶の宇治目1斤は 200匁（1827年『広用算法大全』）
実綿目1斤は 300匁、山椒目1斤は 80匁（1827年『広用算法大全』）
茶目1斤は 250匁（1793年『算法智恵海大全』）
胡椒1斤は 160匁、山帰来1斤は 230匁、分銅目1斤は 300匁（1792年『改算智恵車大全』）
紅花1斤は 180匁（1784年『算法童子問』）

品物によって、1斤の重さはちがうよ。

また1622年『割算書』には次のようにあります。

唐目の1斤は160目（匁）、日本目の1斤は250目（匁）

例えば、4貫匁（4000匁）の葉たばこを輸入します。
これは唐目では、4000÷160＝25（斤）
いっぽう、日本目では、4000÷250＝16（斤）
つまり中国の側からすれば"葉たばこ25斤を輸出"し、日本の側からすれば"葉たばこ16斤を輸入"したことになります。なんとも厄介です。

● 薬種（薬の材料）の重さ

"両"はお金の単位として知られていますが、もともとは重さの単位でした。ただし登場は、江戸初期の算術書まででした。

 　　1両＝4匁＝15g　（1627年『塵劫記（26条本）』）

※1831年『算法稽古図会大成』では、薬の1両は4匁4分ともある。

両はもともと重さの単位だったのね。

問題11

1784年『算法童子問』より

人参13匁5分の重さは、両の単位にするとどれぐらいでしょうか。

13匁5分は13.5匁です。これを4でわるから、13.5÷4＝3.375（両）

答 3両3分7厘5

※小数第1位は分、第2位を厘です。

2. 物の長さを測る

江戸時代の長さに使われた単位は、人体を基準の由来にしていました。

● 曲尺

物の長さを測るのには、尺という単位が使われていました。1891年に、20m、5cm、0.3mmといった現在の単位へ置きかわりました。

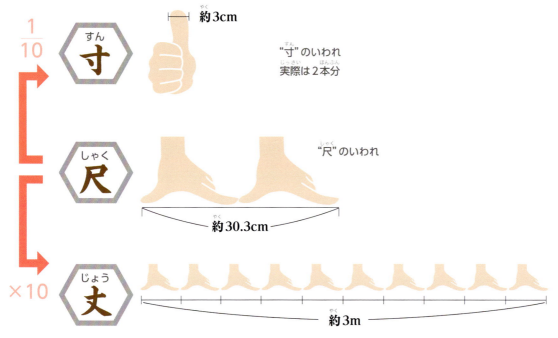

"寸"より小さなものは、次のように表しました。

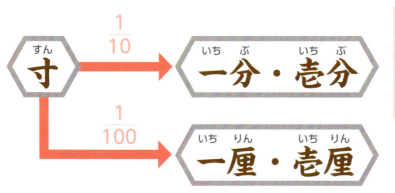

> 寸は"わずか"を指す言葉として残っている。「寸前」「寸暇を惜しむ」「寸分たがわず」「一寸法師」

また1.5寸を1寸半と表している書物もあります。

1827年『広用算法大全』には以下のような単位ものっていますが、実際にはあまり使われなかったようです。

10丈

1丈6尺

8尺

4尺

8寸

問題12 次の長さは江戸時代にはどう書かれたでしょうか。

(い) 21尺　　(ろ) 15.2尺　　(は) 1032寸　　(に) 1.23寸

答　(い) 二丈一尺、弐丈壱尺、など　　(ろ) 壱丈五尺弐寸、一丈五尺二寸、など
　　(は) 拾丈三尺二寸、十丈三尺弐寸、など　　(に) 一寸二分三厘、壱寸二分三厘、など

 1尺 = $\frac{10}{33}$ m (≒ 30.3cm) と明治期に定められました。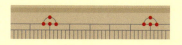
右のものさしを"曲尺"といいます。
棚やテーブルといった身近にあるものを測ってみてください。長さが30cmの倍数になっているものが多いはずです。尺を使っていた時代のなごりです。

寸、尺、丈は今の長さにすると次のようになります。

	寸	尺	丈
寸を基準		10寸	100寸
尺を基準	0.1尺		10尺
丈を基準	0.01丈	0.1丈	
今の長さでは	$\frac{10}{33}$ m × $\frac{1}{10}$ 約3cm	$\frac{10}{33}$ m 約30.3cm	$\frac{10}{33}$ m × 10 約3m

1659年『改算記』には以下のように寸法が出てきます。

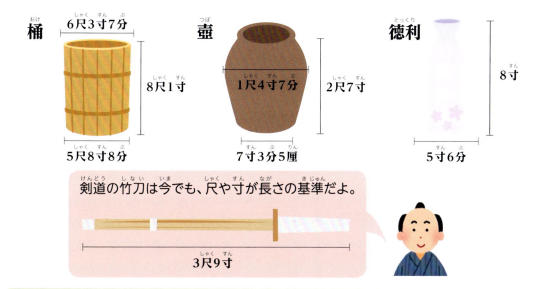

桶　6尺3寸7分　8尺1寸　5尺8寸8分
壺　1尺4寸7分　2尺7寸　7寸3分5厘
徳利　8寸　5寸6分

剣道の竹刀は今でも、尺や寸が長さの基準だよ。
3尺9寸

アルプス1万尺

童謡に「アルプス1万尺」というのがあります。左側に突き立っているのが歌詞に出てくる"小槍"で標高は3030m。ぴったり1万尺です。

● 着物の丈を測る2つのものさし

呉服尺と鯨尺というものさしがありました。同じ1尺でも、次の表のように長さが異なっていたのです。

	曲尺1尺	呉服尺1尺	鯨尺1尺
曲尺を基準	1尺	1尺2寸	1尺2寸5分
今の長さでは	$\frac{10}{33}$ m 約30.3 cm	$\frac{10}{33}$ m × $\frac{12}{10}$ = $\frac{4}{11}$ m 約36.36 cm	$\frac{10}{33}$ m × $\frac{125}{100}$ = $\frac{25}{66}$ m 約37.88 cm

■ 呉服尺

絹や木綿の長さを測るには"呉服尺"というものさしを使う。これは大工などの使う曲尺と比べると、曲尺の1尺2寸（1.2尺）が呉服尺の1尺に相当する。（1627年『塵劫記（26条本）』）

呉服尺1尺＝曲尺1.2尺

$= \frac{10}{33}$ m × $\frac{12}{10}$ = $\frac{4}{11}$ m (≒ 36.36cm)

呉服尺はその名の通り、織物（呉服）の寸法を測る和裁用のものさしです。

■ 鯨尺

鯨尺は、曲尺の1尺2寸5分（1.25尺）（1827年『広用算法大全』）

鯨尺も呉服尺と同じように、裁縫用に使われました。
江戸時代の算術書では、1671年『古今算法記』の他に鯨尺は登場しませんから、その当時は呉服尺の方が一般的だったのでしょうか。ただし1827年『広用算法大全』に「今は絹布は鯨尺を用い」と書かれているので、その後呉服尺から取って代わったのでしょう。実際、呉服尺の方が明治8年（1875年）に先に廃止され、鯨尺は今でも呉服業で使われます。

1793年『算法智恵海大全』には、もう少し詳しく書いてあって、

曲尺 ……… 匠の家に用いる尺。商尺と営造尺を合せたもの。
呉服尺 …… 曲尺を5等分してそこに1つ分を加える。周尺の例に準じる。 ※5等分は0.2。1＋0.2＝1.2
鯨尺 ……… 曲尺を4等分してそこに1つ分を加える。周尺の例に準じる。 ※4等分は0.25。1＋0.25＝1.25

このようにあります。営造尺、周尺、商尺は中国あるいは朝鮮半島のものさしで、その具体的な長さは明らかではありません。

3つのものさしの換算は、1827年『広用算法大全』に次のように表にまとめられています。

曲尺を鯨尺へ	鯨尺の1尺は、曲尺の1尺2寸5分なので「1尺25（1.25）でわる」。あるいは「8（0.8）をかける」
鯨尺を曲尺へ	「1尺25（1.25）をかける」あるいは「8（0.8）でわる」
曲尺を呉服尺へ	呉服尺の1尺は、曲尺の1尺2寸なので、「1尺2寸（1.2）でわる」
呉服尺を曲尺へ	「1尺2寸（1.2）をかける」
呉服尺を鯨尺へ	「9寸6分（0.96）をかける」
鯨尺を呉服尺へ	「9寸6分（0.96）でわる」

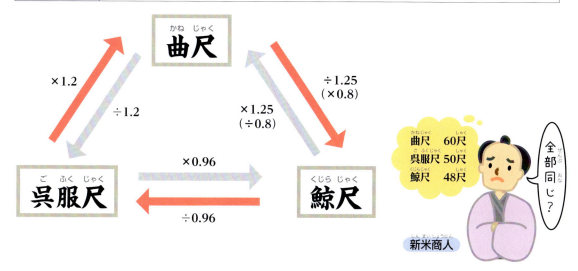

問題 13　1671年『古今算法記』より

(い) 呉服尺で測って3丈5尺の絹は、曲尺ではどれぐらいでしょうか。
(ろ) 曲尺で測って2丈5尺の絹は、鯨尺ではどれぐらいでしょうか。
(は) 呉服尺で測って3丈の絹は、鯨尺ではどれぐらいでしょうか。

答　(い) 35尺×1.2＝42（尺）　　(ろ) 25尺÷1.25＝20（尺）　　(は) 3丈×0.96＝2.88（丈）
　　　　4丈2尺　　　　　　　　　　2丈　　　　　　　　　　　　2丈8尺8寸

2 数やお金の単位を知る

● 反物の長さ

成人一人分の衣服を縫う布の量を、次のように表します。

たん
反（端）

▼1793年『算法智恵海大全』

反物の長さを測っている様子。

1反の長さは木綿では2丈5尺、絹なら2丈8尺
（1627年『塵劫記（26条本）』）

呉服尺によれば、木綿は $\frac{4}{11}$ m×25 = $\frac{100}{11}$ m ≒ 9.09m、
絹は $\frac{4}{11}$ m×28 = $\frac{112}{11}$ m ≒ 10.18mとなります。

1反の長さいろいろ

1684年『算法闕疑抄』…2丈5尺あるいは2丈6尺あるいは2丈7尺
1793年『算法智恵海大全』…絹では2丈7尺
1827年『広用算法大全』…2丈6尺
『世法塵劫記智玉筌』…2丈4尺、2丈6尺、2丈7尺

次の単位は絹に使われ、1疋は反物2反分の量をさします。

ひき
疋（匹）

> 1反は、1端とも書かれたよ。1671年『古今算法記』、1684年『算法闕疑抄』1792年『改算智恵車大全』、1793年『算法智恵海大全』などの書物がそうだよ。

1疋は着物（1反）と羽織（1反）を合せてとれる生地の量として重宝しました。

羽織

着物

● 巻き物の単位

巻き物は横長の書物のことです。この長さを次の単位で表します。

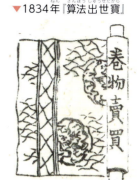
▼1834年『算法出世寶』

1巻の長さは3丈8尺（38尺）

（1627年『塵劫記（26条本）』）

この長さを曲尺とすれば、次のようになります。
$= \frac{10}{33}\text{m} \times 38 = \frac{380}{33}\text{m} (\fallingdotseq 11.52\text{m})$

※1784年『算法童子問』では、"巻物3丈2尺"とあります。

源氏物語絵巻「桐壺（一）（二）（三）」の長さは12～15mだそうだ。また『諸勘分物（第二巻）』も巻き物で、その長さは13.18m。当時の書物は1巻がおおよその基準だった。

▼木綿問屋の店先にて
　1792年『改算智恵車大全』

▼三井呉服店（『江戸名所図会』より）

三井越後屋呉服店といい、後の三越である。

3. 距離を測る

続いても長さの単位です。"どれだけ離れているか"はこちらを使います。

● 距離や道のりの単位

"尺"より長い計測は、次の単位で表します。

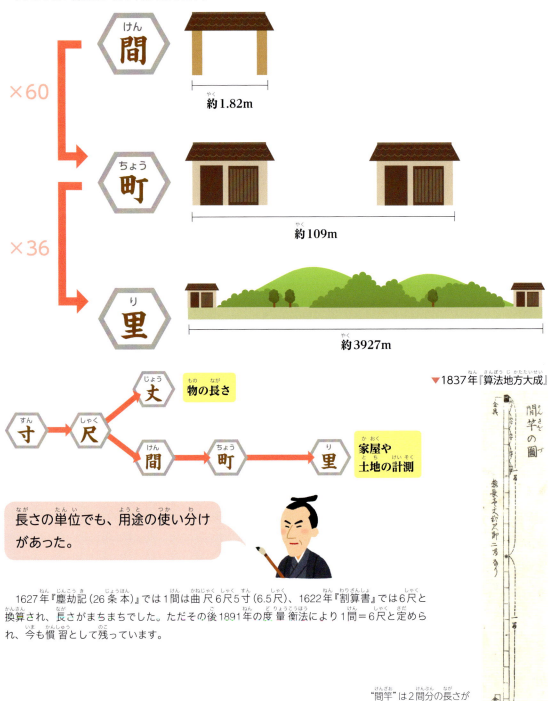

長さの単位でも、用途の使い分けがあった。

1627年『塵劫記(26条本)』では1間は曲尺6尺5寸(6.5尺)、1622年『割算書』では6尺と換算され、長さがまちまちでした。ただその後1891年の度量衡法により1間＝6尺と定められ、今も慣習として残っています。

"間竿"は2間分の長さがある。検地などで使った。

長屋のたたずまい

多くの庶民が暮らしていたのが「九尺二間の裏長屋」です。
間口が9尺、奥行きが2間という統一基準だったことからそう呼ばれました。
右のように4畳半の1部屋しかなかったことから、「九尺二間に戸が一枚」と自らの住まいを言い表したようです。

長屋の一例

▼長屋へ通じる木戸（式亭三馬『浮世床』）

木戸は日が暮れると閉められ、見知らぬ人が行き来できないようにしていた。

長屋の井戸端は、情報交換の場でした。
井戸といっても、地下水を汲み上げているわけではありません。遠く井の頭池、あるいは多摩川の水が、地中を通りここまで運ばれます。井戸の水は、こうした整備された水道水だったのです。

1間はどれぐらいの長さでしょうか。

6尺5寸（6.5尺）とすれば $\frac{10}{33}$m×6.5＝$\frac{65}{33}$m（＝1.97m）。

6尺とすれば $\frac{10}{33}$m×6＝$\frac{20}{11}$m（＝1.82m）です。今も建具や建材はこの単位が一般的です。

2 数やお金の単位を知る

	間	町	里
尺を基準	6.5尺	390尺	14040尺
	6尺	360尺	12960尺
間を基準	1間	60間	2160間
町を基準	$\frac{1}{60}$町	1町	36町
1間が6尺5寸	$\frac{10}{33} \times 6.5 = \frac{65}{33}$m 約1.97m	$\frac{65}{33} \times 60 = \frac{1300}{11}$m 約118.18m	$\frac{1300}{11} \times 36 = \frac{46800}{11}$m 約4254m
1間が6尺	$\frac{10}{33} \times 6 = \frac{20}{11}$m 約1.82m	$\frac{20}{11} \times 60 = \frac{1200}{11}$m 約109.09m	$\frac{1200}{11} \times 36 = \frac{43200}{11}$m 約3927m

> 1631『新編塵劫記(48条本)』には、絹1反の糸の長さは7里10町35間5尺3寸と書かれています。ここで1間を6尺5寸とすれば、
> 7里＝14040×7＝98280（尺）、10町＝390×10＝3900（尺）、35間＝6.5×35＝227.5（尺）、5尺3寸＝5.3（尺）。これらを合わせると102412.8（尺）だから、糸の長さは約10万尺です。この長さは約31kmに相当します。

● 当時の距離や道のりをみてみよう

■ 江戸市中の大きさ

1600年代の後半、江戸の大きさは"4里四方"と言われていました。4里四方とは、長さ約16kmを辺とする正方形の大きさのことです。

凡例：
- ---- 江戸の範囲
- ―― 当時の海岸線

江戸は神田山（現東京都千代田区）を切り崩し、入り江を埋め立て、宅地を造成した大がかりな人工の町です。今の東京都港区から中央区あたりを埋め立てました。

■ 京と江戸の距離

1659年『改算記』では「京から江戸まで120里」。別の1743年『勘者御伽双紙』では123里の問題設定です。
　実際は東海道を行くと493〜495kmですから、1間を6尺で測れば約125里あるいは126里。6尺5寸では約116里です。
　中山道なら530kmですから、約135里です。

問題14 次の距離は江戸時代にはどう書かれたでしょうか。
(い) 70間　　(ろ) 80町　　(は) 2300間

答 (い) 60間は1町です。そこで60間と10間にわけて、一町 十間、壱町 拾間、など

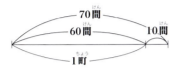

(ろ) 36町は1里だから72町と8町にわけて、二里八町、弐里八町、など

(は) 2160間は1里です。そこで2160間と120間と20間にわけて、一里二町 廿間、一里弐町二十間、など

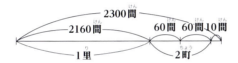

問題15 次の距離は江戸時代にはどう書かれたでしょうか。ただし1間を6尺5寸とします。
(い) 15尺　　(ろ) 33尺　　(は) 403尺

答 (い) 13尺(6.5×2)と2尺にわけます。二間二尺、弐間弐尺、など

(ろ) 32.5尺(6.5×5)と0.5尺にわけて、五間五寸、五間半、など

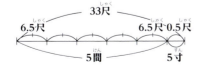

旅人の目印 "一里塚"

(は) 1町は390尺です。そこで390尺と13尺(6.5×2)にわけ、一町 弐間、一町 二間、など

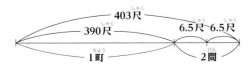

4. 広さを測る

広さを表す面積の単位を見てみましょう。耕地の測量や、普請（土木工事）にはかかせませんでした。

● 田地の広さの単位

"歩"は田畑や林野の面積を表し、今はおもにhaを使います。
図のように、たてと横の長さを"間"で測ります。
1歩は、**1辺が1間の正方形の面積**を表す単位です。
また"歩"がたくさん集まると、次の単位へと切り替わります。
面積を畝や歩の単位で表すことを畝歩制といいます。

反は呉服尺のところで出てきた1反とは異なり、町は距離の1町とは異なるよ。

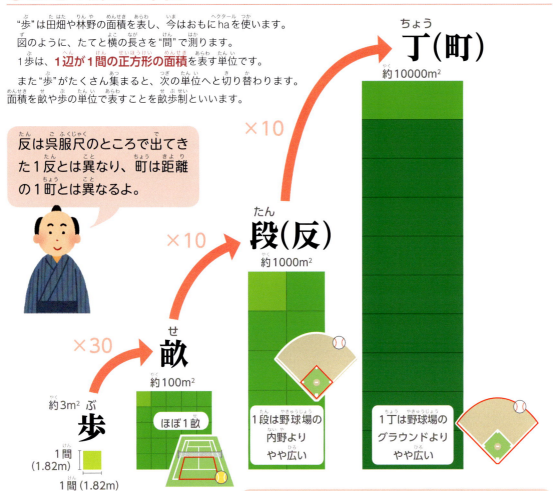

大人1人が食べる米の量を基準として、1日分を収穫する田の広さを1歩、1か月分を1畝、1年間分なら1段とした。これが単位の元となっている。

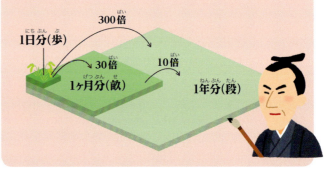

1827年『広用算法大全』には次の単位も出てきますが、実際にはあまり使われなかったようです。
5代で1畝(7.2×5＝36歩)と書かれていますから、上の1畝とはズレるようです。

代

7歩2分

1831年『算法稽古図会大成』では1歩は6尺5寸四方、1827年『広用算法大全』では6尺3寸四方とあります。

	歩・坪	畝	段（反）
歩を基準	1歩	30歩	300歩
畝を基準	$\frac{1}{30}$畝	1畝	10畝
段を基準	$\frac{1}{300}$段	$\frac{1}{10}$段	1段
今の単位 （1間＝6尺）	約3.3㎡	約99㎡ 約1a	約990㎡ 約1ha

● 屋敷などの広さの単位

"坪"はおもに家屋や敷地、建造物の面積を表すときなどに使います。今はm²（あるいは平米）で表します。
図のように、たてと横の長さを"間"で測ります。
1坪は、**1辺が1間の正方形の面積**を表す単位です。
これを間坪とよぶこともあります。つまり、1歩＝1坪（1間坪）です。

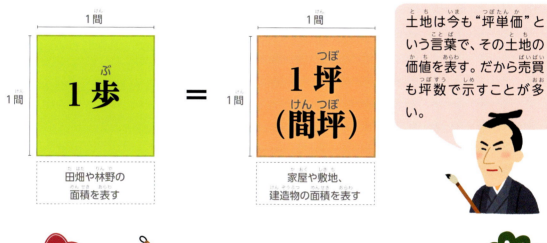

土地は今も"坪単価"という言葉で、その土地の価値を表す。だから売買も坪数で示すことが多い。

問題16　1792年『改算智恵車大全』より

高さ2間、幅7間の壁は何坪でしょうか。

答　2×7＝14（坪）

問題17　1831年『永寶塵劫記大成』より

125坪の直屋鋪（長方形の土地）があります。横が5間のとき、長さはいくつでしょうか。

答　125÷5＝25（間）

2 数やお金の単位を知る

● 布地などの大きさ

布地では尺坪や寸坪という単位を使います。

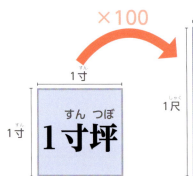

1627年『塵劫記(26条本)』には、「中国からの輸入品は、長さや幅が一定ではないので、面積を出して計算することもある」と書かれているよ。

	寸坪	尺坪	間坪
寸を基準とした正方形の1辺	1寸	10寸	1間＝6尺として60寸
寸を基準とした正方形の面積	1寸坪	100寸坪	3600寸坪
尺を基準とした正方形の面積	0.01尺坪	1尺坪	36尺坪
今の面積にして	約9.18cm²	約918cm²	約3.3m²

小さな数

"歩""坪"より小さなときは、次のように表しました。

1歩(坪)の $\frac{1}{10}$ 　　1歩(坪)の $\frac{1}{100}$

問題 18
次の広さは江戸時代にはどう書かれたでしょうか。
(い) 35歩　　(ろ) 630歩　　(は) 2000歩

答

(い) 30歩は1畝だから、30歩と5歩にわけて、一畝五歩、壱畝五歩、など

(ろ) 300歩は1段だから、600歩(300×2)と30歩にわけて、弐段一畝、二段壱畝、など

(は) 1段は300歩だから、1800歩(300×6)と180歩(30×6)と20歩にわけて、六段六畝二拾歩、六段六畝廿歩、など

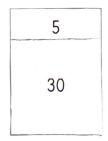

問題19 次の広さは江戸時代にはどう書かれたでしょうか。
(い) 25.3歩　　(ろ) 10.02歩　　(は) 1.25坪　　(に) 0.5坪

答　(い) 廿五歩三分、二十五歩三分、など
　　(ろ) 拾歩二厘、十分弐厘、など
　　(は) 壱坪弐分半、一坪二分五厘、壱坪二分五、など
　　(に) 半坪、など

1831年『永寶塵劫記大成』には次のように、3種の広さそれぞれの正方形の面積が書かれています。
・京間1間…6尺5寸　坪数42坪2分5厘 (6.5×6.5)
・中間1間…6尺3寸　坪数39坪6分9厘 (6.3×6.3)
・田舎間1間…6尺　　坪数36坪 (6×6)

● 畳の広さ

次は敷きつめた畳の広さを表します。畳1枚が1畳です。
1畳とは、長方形の短い方の辺が半間、長い辺が1間の広さです。すなわち半坪ほどです。

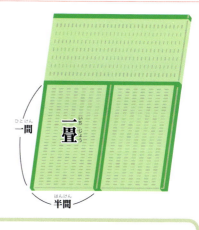

1784年『算法童子問』には、畳の長い方の辺の長さが次のようにあります。
家屋の柱のじゃまにならないよう、畳は小さくなります。
京間6尺5寸、京間畳6尺3寸
田舎間6尺、田舎間畳5尺8寸

今の畳のサイズ

今は畳にもいろいろなサイズがあります。
長い辺が6尺5寸の"京間"、6尺の"江戸間"。
それに5尺6寸の"団地間"。
今のほとんどの家屋は、いちばん小さな団地間です。

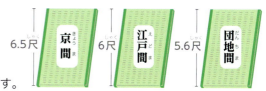

1間を6尺5寸の京間で6畳間を計算すると、

$$\left(\frac{10}{33}\times 6.5\right)\times\left(\frac{10}{33}\times 6.5\div 2\right)\times 6 = \frac{4225}{363}\text{m}^2 (\fallingdotseq 11.64\text{m}^2)$$

もし1間を5尺6寸の団地間とすれば、

$$\left(\frac{10}{33}\times 5.6\right)\times\left(\frac{10}{33}\times 5.6\div 2\right)\times 6 = \frac{3136}{363}\text{m}^2 (\fallingdotseq 8.64\text{m}^2)$$

比べると、

$$\frac{4225}{363}\div\frac{3136}{363} = \frac{4225}{3136}\text{倍} (\fallingdotseq 1.35\text{倍})$$

このように、京間6畳は団地間6畳の1.35倍の広さがある。

5. 土砂などの体積を量る

続いて体積の単位を紹介します。

● 体積の単位

土木工事で出る土砂や小石の体積や容積を量るのに使う単位です。

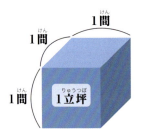

立坪（立方坪）

たてと横と高さの長さを"間"で測ります。
1辺が1間の立方体の体積が1立坪です。

多くの算術書では、面積と体積の区別なく、両者ともに"坪"としていて、広さなのか量なのか、読み手が判断したのよ。

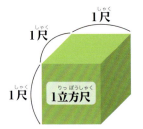

次に1辺を1尺とすれば、体積は次のように表します。

立方尺

1辺が1寸の立方体の体積は、

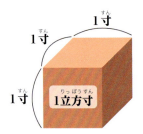

立方寸

と表します。
p.44に枡が出てきますが、"かさ"への換算に重要な単位です。

1寸四方といったらそれは正方形。立方体は"1寸四方6面""1寸四方高さも1寸"などと書かれました。1尺や1間の場合でも同じだよ。

立坪と立方尺の換算

1間を6尺とすれば、
　1立坪＝216立方尺

1間を6尺5寸（6.5尺）ならば、
　1立坪＝274.625立方尺

と換算されます。
このように"立坪"と"立方尺"の行き来は、数が複雑なだけにスムーズではありません。

小さな数

"立坪"より小さなときは、次のように表しました。

1立坪の $\frac{1}{10}$ 分　　　1立坪の $\frac{1}{100}$ 厘

ここでは立坪について取り上げましたが、立方尺や立方寸のときも同じです。

 1立坪はどれぐらいの量でしょうか。

1間を6尺とすれば、$\left(\frac{10}{33}\times 6\right)\times\left(\frac{10}{33}\times 6\right)\times\left(\frac{10}{33}\times 6\right)=\frac{8000}{1331}$ m³ （≒6.01m³）

1立方尺（1辺をcmの単位として）

$\left(\frac{10}{33}\times 100\right)\times\left(\frac{10}{33}\times 100\right)\times\left(\frac{10}{33}\times 100\right)=\frac{1000000000}{35937}$ cm³ （≒27826.47cm³）

1立方寸（1辺をcmの単位として）

$\left(\frac{1}{33}\times 100\right)\times\left(\frac{1}{33}\times 100\right)\times\left(\frac{1}{33}\times 100\right)=\frac{1000000}{35937}$ cm³ （≒27.83cm³）

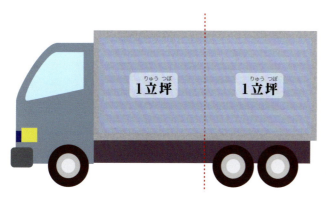

2tトラックのコンテナ
荷台の約半分が1立坪

6. かさを知る

かさとは容積のことです。容積の単位は、今でも多くが使われます。

● **容積の単位**

かさの単位は升が基本となります。
1升は枡の内側の大きさを単位としています（右図）。
これは"今枡"とも呼ばれました。
容積を計算すると、4.9×4.9×2.7＝64.827（立方寸）となって、当時は1升を"虫や鮒（**ムシヤフナ**）"と覚えたそうです。

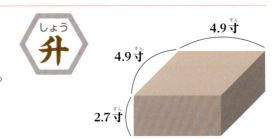

■ **大きな数**

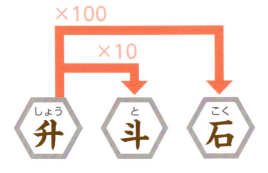

灯油用のポリタンクは1斗が基準

1斗缶も健在

■ **小さな数**

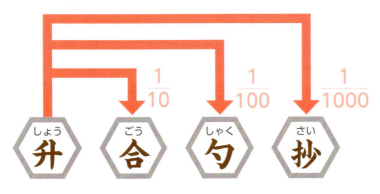

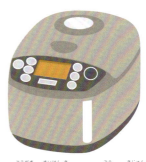

3合炊の炊飯器。今も"合"が基準

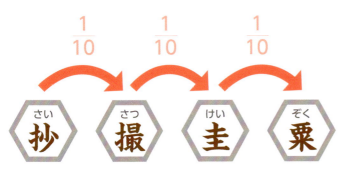

「山の○合目」といいますが、これは行灯を灯しながら登るとき、1合分の油が燃えつきる道のりで区切ったという説もあるのよ。

● 今の量にすると

　江戸時代は米、味噌、塩などはかさで量っていましたが、現在では重さ（g）で量っています。しかし、お酒と醤油は、現在でもかさで量ります。

	石	斗	升	合	勺	抄
升を基準	100升	10升		0.1升	0.01升	0.001升
mℓでは	180ℓ	18ℓ	1.8ℓ (1800mℓ)	0.18ℓ (180mℓ)	0.018ℓ (18mℓ)	0.0018ℓ (1.8mℓ)

1升の量は約1.8ℓに相当します。先ほどの枡の大きさは、

4.9寸＝0.49（$\frac{49}{100}$）尺、2.7寸＝0.27（$\frac{27}{100}$）尺で、

ここで1尺＝$\frac{10}{33}$m＝$\frac{1000}{33}$cmだから、その容積は今でいうところの、

$\left(\frac{49}{100}\times\frac{1000}{33}\right)\times\left(\frac{49}{100}\times\frac{1000}{33}\right)\times\left(\frac{27}{100}\times\frac{1000}{33}\right)=\frac{2401000}{1331}$cm³

となります。
一方、1ℓ＝1000cm³だから、

$\frac{2401000}{1331}\div 1000=\frac{2401}{1331}$ℓ（≒1.80ℓ）

と計算されます。

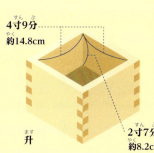

かさで売った意外なもの

次のような川柳が詠まれました。

「一升は　はかなく消える　計り炭」

炭は"かさ"での量り売りだったようです。暖をとったり煮炊きをするにも不可欠で、各家庭をまわる行商人は枡で量って売りました。裕福ではない庶民の切ない心情をあらわした句です。

米の量をあらわす単位

大人が食べる1日の米の量は3合弱といわれます。すると1年間では約1000合で、これは1石に相当します。
つまり、1石とは大人が1年間に食べる米の量を表します。

■1日分の量
3合は茶わん6〜8杯分です。当時は1日にこんなに食べたのでしょうか？

百万石とはどれくらいでしょうか

百万石の大名では、1年間に100万人分の食事をまかなえることになります。
江戸時代は領地の大きさを土地の広さではなく、どれだけの作物が穫れるかという土壌の豊かさで評価しました。これを石高制といいます。

✕ 悪い土地 — 広いのに収穫できない
○ 良い土地 — せまいのにたくさん収穫

米以外の穀物

算術書には他の穀物も登場します。
　　米、大豆、小豆、麦、餅米
その中で、
　1627年『塵劫記(26条本)』では「大豆1斗と米8升を交換」
　1684年『算法闕疑抄』では「1両につき大豆2石、米1石6斗」
とあるので、この当時の米と大豆の価値を比べれば5：4だったことがわかります。

● 斗代とは

p.38にあるように、1段とは、大人が1年間に食べる分の米を収穫できる田の広さです。

"石"も"段"も、"大人が1年間に食べる米"というのがキーワードになっていて、石はその量を、段はその広さを表します。

すると、「1段の田の収穫は1石の米」といえますが、実際はどうだったのか、算術書を眺めてみましょう。

1段の田から収穫できる米の量を"斗代"といいます。

1627年『塵劫記(26条本)』1石5斗
1808年『算学稽古大全』　1石5斗、1石8斗
1827年『広用算法大全』　1石4斗、1石6斗

このように、豊かな土地ではたくさんの米が実ったのです。ただし、これは精米する前の玄米の量ですから、白米にすればこれより少なくなります。

1831年『永寶塵劫記大成』では、斗代に代わり、"石盛"という言い方をしているよ。
石盛15というと、1石5斗のことなんだ。

また、「上田・中田・下田」「上畠(上畑)・中畠(中畑)・下畠(下畑)」といって、収穫量によってランク分けもなされていたことが算術書からうかがえます。

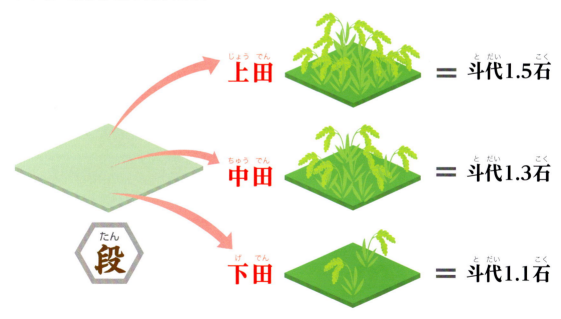

上田 = 斗代1.5石
中田 = 斗代1.3石
下田 = 斗代1.1石

1671年『古今算法記』では、それぞれの斗代が、
上田…1石5斗、中田…1石3斗、下田…1石1斗、下々田…9斗
1831年『永寶塵劫記大成』では石盛が、
上畑…13(1石3斗)、中畑…11(1石1斗)、下畑…9(9斗)
とあります。

2 数やお金の単位を知る

● 大きさやかさを重さで表す

1間を6尺として比べてみます。水や土の重さの違いは下の表で確認しましょう。

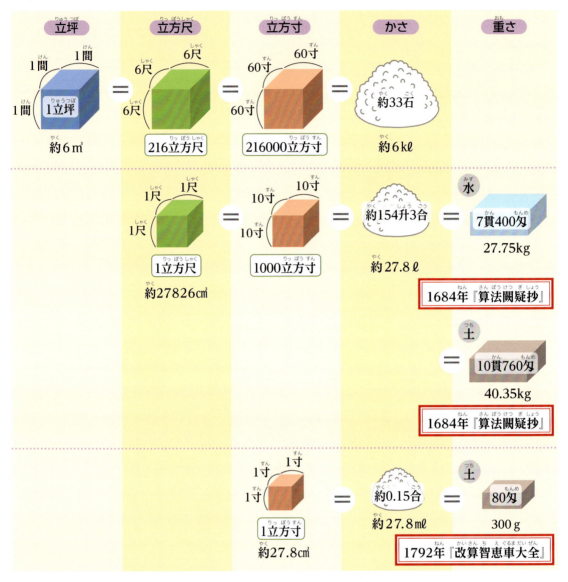

● 運ぶときの重さの表し方

■ 1升の重さ

1升あたりの重さが、1827年『広用算法大全』に次のようにあります。

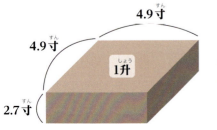

米…380匁（約1.4kg）、
砂…672匁（約2.5kg）、
灯油…430匁（約1.6kg）、
水…498匁（約1.8kg）

1升の水は、かさが1.8ℓで、重さは1.8kgだよ。

■ 運ぶ土の量
1人が運べる土の量を、次のような単位で表します。

1荷の土の量は1斗2升（1622年『諸勘分物』）

また"濡れ土1荷"の重さは12000匁とあり、1匁＝3.75gから、1荷は45kgの重さです。

■ 米俵のかさ
米俵を表す単位に、

▼俵の荷おろし

1834年『算法出世寳』

があります。当時、1俵には4斗（40升、0.4石）の米が入っていたと言われます。
　1827年『広用算法大全』では玄米1斗の重さは4貫匁とあり、これは15kgですから、米俵1つは約60kgあったことになります。担ぎ手も容易ではありません。

1斗

1斗

1斗

1斗

＝
1俵

俵の中身は米ばかりではありませんでした。大豆や小豆、麦といった穀物類だけでなく、茶、塩、木炭といった日用品まで、流通するものなら何でも詰める便利な袋でした。
1627年『塵劫記（26条本）』では、5斗俵、4斗俵、3斗2升俵と出ていて、1631年『新編塵劫記（48条本）』では、4斗8升俵も追加されています。用途に応じて、いろいろな大きさの米俵があったのでしょう。ちなみに幕府米は3斗5升俵でした。
1827年『広用算法大全』での穀物の5斗俵の重さは、次のように書かれます。
麦…19貫匁、大豆…19貫匁、小豆…21貫匁、空豆…18貫匁

1627年『塵劫記（26条本）』によると、1升の量は"中米65000粒"とあり，虫や鮒（64.827立方寸）を理解しやすくしている。また撮は米7粒とあり、すると圭になると米粒より小さいことになる（p.44参照）。

7. 小判の単位（金貨）

小判は材質がほぼ金であったことから、金子とも呼ばれます。

● 金貨の単位

次のような単位で表しました。

文政1朱金　　正徳1分金　　慶長1両小判

金貨には、次のような関係があります。

1朱金4枚は1分金1枚と等価
一朱＝一分

1分金4枚は1両小判1枚と等価
一分＝一両

1両＝4分、
1分＝4朱だから、
1両＝4分＝16朱

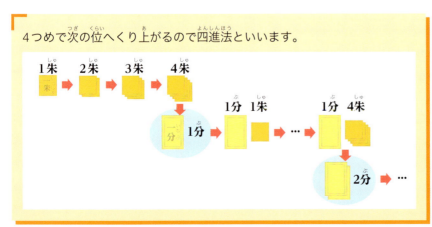

4つめで次の位へくり上がるので四進法といいます。

1朱 → 2朱 → 3朱 → 4朱 → 1分 → 1分 1朱 → … → 1分 4朱 → 2分 → …

儀礼的に金1分を金100疋と呼ぶこともありました。すると金400疋で金1両です。

両は最も価値の高い貨幣単位で、小判は庶民にとっては手の届かない大金でした。

「これ小判　たったひと晩　いてくれろ（1765年）」
このように小判を恋しがる川柳も残っています。

また大判（判金）という金貨もあり、主に贈答用に使われました。
1枚で、小判7〜10枚分の価値があったそうです。

▼慶長大判

小判1両には純金が4.4匁ふくまれているとされた。1622年『割算書』や1627年『塵劫記（26条本）』では、「四十四でわる」特殊なわり算が並んでいる。

千両箱の重さ

1匁＝3.75gだから4.4匁は16.5g。これが1両の重さ。1000両だと16.5kg。
すると千両箱は、どんなに軽くても20kgぐらいあるので、時代劇のように担いでぴょんぴょん屋根を飛びまわるのは至難の業でしょうか。

問題20

「年間の支出のうち交際費は、盆に金1両、暮に金2両、五節句に金2分2朱、他（お祝いやお見舞い）金2分」
さて、これらを合わせると、いくらになるでしょうか。

答 金4両2朱

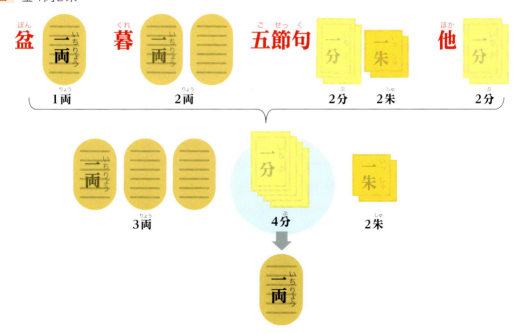

8. 銭を使う（銅貨）

銅貨は銭とよばれていました。江戸時代に最も広く流通していのは、"寛永通宝"と刻印された銅銭です。

● 銭の単位

貨幣単位は次のようです。"文"はお金の価値が最も低い単位で、1文より安いものはありませんでした。

このように1000になると"貫"という単位を用いました。
銭12貫文ならば、銭12000文です。

最小の単位"1文銭"

"4文銭"もあった

裏側に青海波とよばれる、波の文様が描かれている。1文銭より少し大きい。

江戸のファーストフードの値段

1837年『守貞謾稿』による当時の物価は次のとおりです。4の倍数の値段が多いことに注目してください。4文銭の影響が考えられます。

ところてん1文
天ぷら1串4文
すし（マグロ8文、車海老8文、たまご巻16文）
うどん16文
そば16文
ゆで卵20文
豆腐1丁54～60文
うな丼100文、148文、200文

すし／マグロ／玉子／こはだ／玉子巻／あなご／白魚

● 九六銭・省銭

江戸時代までは、とても変わった慣習がありました。
それは例えば100文の買い物をします。このとき支払うのはなんと96文でいいのでした。つまり4文分がまけてもらえたのです。
この習わしを"九六銭"または"省銭"と言います。

下図のように96枚の1文銭を束にします。真ん中に紙縒りを通し、抜けないように両端を結びます。
これ1本で100文分の買い物ができます。

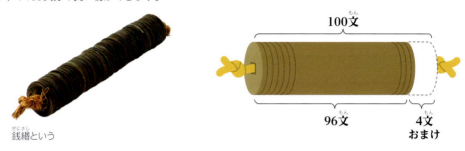

銭緡という

見かけ100文＝正味96文

ただし、この習わしは100文以上の場合に限る。50文の支払いを48文にまけてもらうことはできない。

問題21 旅籠代248文払います。銭緡を2本持っているとして、正味いくらになりますか。

答 240文

見かけ248文
正味の支払いは、銭緡2本があるから、その分に省銭の制度が使える。
200文と48文にわける。見かけ100文は正味96文だから、それが2つで 96 × 2 = 192（文）。
つまり 192 + 48 = 240（文）

二束三文…二束でたった3文にしかならない、という非常に安いことの例え。
一文無し…まったくお金が無いこと。

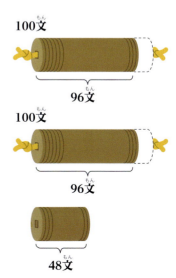

9. 銀を使う（銀貨）

最後は銀貨です。銀貨は特殊で少しむずかしいです。

● 銭の単位

銀貨は次の単位を使います。重さと同じ単位です。

丁銀　　豆板銀

豆板銀は、1分から10匁ぐらいまでの重さが揃ってたよ。使い勝手はいいけどバラバラだから、丁銀に交換するときは3％の手数料がかかったんだ（1627年『塵劫記（26条本）』）。

　金貨や銭（銅貨）は形と大きさが統一されていたので、一目でどの貨幣かがわかります。これを「計数貨幣」といい、今私たちが使っているのはすべてこれです。重さや大きさがどうかではなく、額面に刻印された数字によって価値が定まっているのが特徴です。

　ところが銀貨はそうではありません。銀貨はそのものの目方によって価値が決まる貨幣でした。これを「秤量貨幣」といいます。

---

p.24にもあるように、金額が10の倍数のときは、銀20目のように"匁"の代わりに"目"を使うこともありました。
大きい数については銀1貫匁（銀1000匁）、小さな数は銀1分（銀0.1匁）、銀1厘（銀0.01匁）とします。これらは重さの単位のところと同じです。

丁銀1枚は重さ43匁を目安とし、だいたい40匁前後の重さであった。
1622年『割算書』や1627年『塵劫記（26条本）』には、「四十三でわる」特殊なわり算が並んでいる。

● 買い物のしかた

江戸時代はお金の種類によって買い物のしかたがかわりました。

小判や銭で買う場合

金2両　　　　　　　銭3文

小判や銭はこのまま渡します。

銀で買う場合

銀30匁

銀はまず、量って重さを確かめます。

金座と銀座

銀貨を加工する場所を銀座といいます。1612年に駿府（現在の静岡県静岡市）から江戸へ移されて、今の東京都中央区銀座の地名の元となりました。

小判（金貨）を加工するための金座も江戸にありました。現在の日本銀行本店の場所ですが、地名として残ってはいません。

● 計数貨幣の銀貨

1784年『算法童子問』には"二朱銀"という計数貨幣が出てきます。

二朱銀8片（枚）で小判1両

このように、重さで量るのではなく価値が固定されています。
特に江戸後期にはこうした銀貨も登場しましたが、慣習と異なることが原因か長続きはしなかったようです。

▼南鐐二朱銀

10. 三貨制度のこと

江戸時代は貨幣の使い分けがきっちりとしていました。これを三貨制度と呼び、江戸時代を通して維持されました。

● 貨幣の使い分け

　屋台でお鮨を食べようにも、小判や銀貨しかなければ、よほどの高級店でもない限りお断りです。逆にたくさんの銭を抱えて勢いよく呉服屋に飛び込み、衣服を新調しようとしても、容易に手に入れることはできません。あるいは武士が、使用人に銭や銀貨で祝儀をはずんでも、彼らは良い顔をしないでしょう。
　なぜなら鮨は銭で食べるものだし、衣服は銀貨や小判で仕立てるものだし、江戸の武士は小判を与えるものだからです。

正解　銭　　　正解　銀貨・小判　　　正解　小判

「小判では　いやだと逃げる　つくし売り」
"道ばたで摘んだだけのつくしに、小判という大金でお代を渡されてもおつりに困る"という江戸時代の川柳。

　1622年『割算書』は小判と銀貨の使い分けが、地域によっても差があると伝えています。
「米1石につき値段は銀28匁」という出題に続き、「江戸では小判1両について米2石8斗5升が買える」とあります。
　米は京や大坂の地域は銀貨で、いっぽう江戸では小判で買うもののようです。
　それもまた、京は米の量で買い、江戸は金額から買いました。

  →
京・大阪　　米1石　　銀○○匁

 →
江戸　　　　　　　　米○○石

● 貨幣どうしの交換

小判・銀貨・銭の交換は、両替屋というところで行いました。

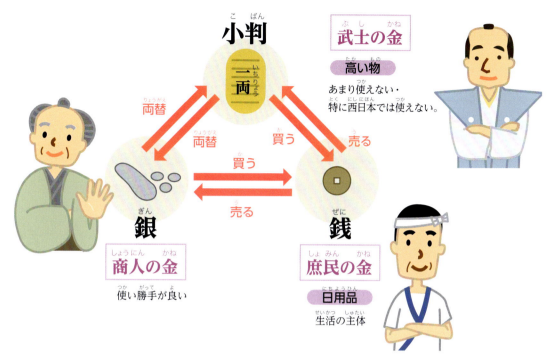

● 相場

それぞれの貨幣の交換比率（レート）を相場といいました。相場を決めることを"相場を建てる"といい、日々変化しました。

(参考) 1609年の幕府の公定相場

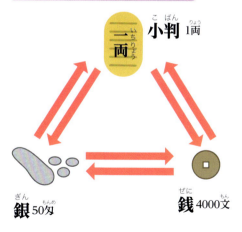

▼『世法塵劫記智玉筌』より

手前の天秤で銀の目方を量り、奥では銭緡が準備されている。

幕府が決めた公定相場は、あくまで目安だった。
例えば1627年『塵劫記（26条本）』では、「小判1両につき銀60匁」「銀1匁につき銭4684文」と出てくる。

11. 武士の俸禄

多くの武士の給与（俸禄）は、お金とお米を組み合せて払われました。ここではそのうち、お米の部分の例をお話しします。

● 知行取りの例（300石の旗本の場合）

領地の年貢を給与として受け取れる武士を「知行取り」と呼びます。300石ならば、大人300人が1年間食べていけるだけのお米が穫れる領地（知行地）を与えられているということです。
この領地をあずかる農民たちは、収穫された農作物の何割かを、領主である武士へ税金として納めます。

実際に武士が受け取る量は次のようになります。もし四公六民ならば、300石のうち4割の120石がこの領地から入る年貢です。つまりこれが年間の武士の収入です。
ですがこんなにたくさんのお米を受け取っても、とうていすべてを食べるには無理があります。そこで札差という専門の業者や米問屋へ頼み、換金し生活費にあてています。

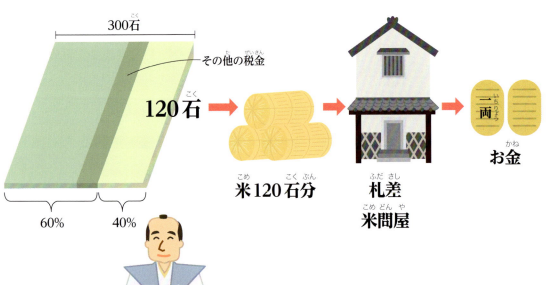

● 蔵前取りの例（300俵5人扶持の御家人の場合）

　自分の領地を持たず、いわゆるお給料の形態で米を受け取れる武士を「蔵前取り」と呼びます。この武士は自分の領地を持たず、いわゆるお給料の形態です。知行取りより格が下に置かれていました。

● 300俵

（幕府では）米俵1俵＝3斗5升（0.35石）

と定めていました。すると300俵分の米の量は、300×0.35＝105（石）となります。これを札差や米問屋にあずけ換金しました。

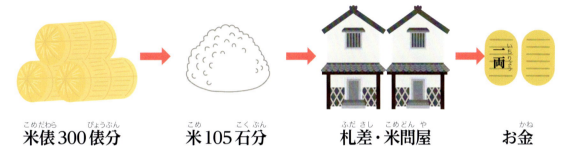

米俵300俵分　　米105石分　　札差・米問屋　　お金

● 5人扶持という手当

大人5人の1年分のお米が手当として付きます。
1日の1人分＝5合と換算するようです。すると5人合わせて25合、1年にすれば約9000合（9石）です。
この分は換金せずに、このまま食糧にあてて、あまればこちらも換金します。

知行取りと蔵前取りを比べると

300石の知行取りと、300俵5人扶持の蔵前取り、どちらの収入が高いかを比べてみましょう。
つまりこの場合、300石の知行取りの武士の方が多くもらっているわけです。

知　120石
蔵　105石分　＋　9石分

12. 刻をきざみ暦と暮らす

江戸時代は時間もカレンダーも今とは異なる基準を使っていました。ここではそのお話です。

● 江戸時代の時間（不定時法）

1日を24等分するようになったのは明治6年以降のことです。ではそれまではどうだったのでしょうか。

まず、夜が明けるほんの少し前を「明六つ」と言い、その逆で西の空に陽が沈み暗くなりかけた頃を「暮六つ」といいます。時の基準とするのはこの「明六つ」と「暮六つ」です。この「明六つ」と「暮六つ」の間を6等分し、この1つ分を"昼の一刻"といい、反対に「暮六つ」と「明六つ」を6等分し、"夜の一刻"とします。

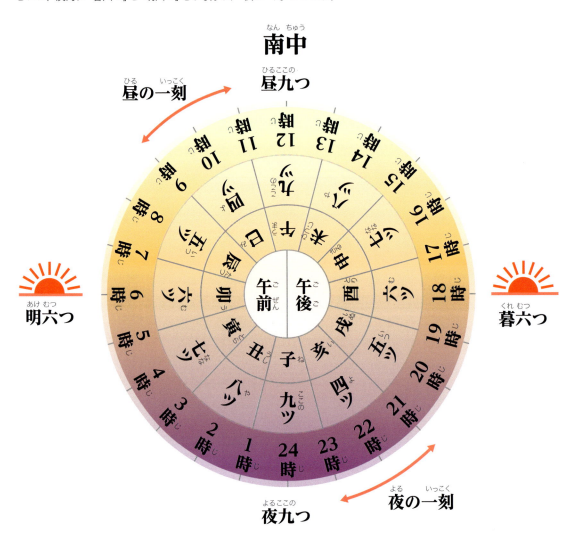

時を表すには、太陽が南中にある時刻を「昼九つ」とし、そこから「八つ」…「暮六つ」を経て「四つ」まで数を減らし次が「夜九つ」です。そこから反対に「明六つ」を経て「昼九つ」へと1周します。

こうしてみれば1日が12に分けられて、一刻は2時間のようにみえますが、実はそうではありません。季節によって昼の長さに違いがありますから、例えば最も陽が長い夏至の日であれば昼の一刻は2時間40分弱ですし、最も陽が短い冬至ならば1時間50分弱というように50分もの差が生まれます。1年を平均すると昼の一刻は約2時間12分でしたから、昼の方が長かったわけです。

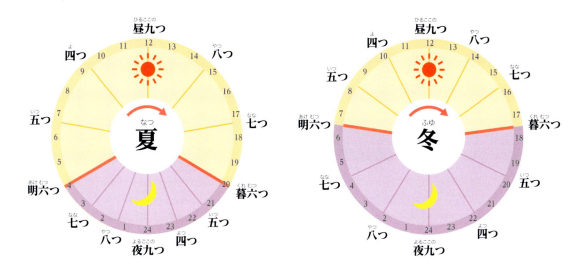

　照明が発達していなかった江戸時代においては、陽が昇る「明六つ」には目を覚まし、陽が沈む「暮六つ」には仕事を終えるという自然なサイクルが効率良く、過ごしやすかったということなのでしょう。

● 江戸時代の暦

　江戸時代は現代の暦と違っていて、今では旧暦とよばれています。具体的に言えば今のように太陽の運行に沿うのではありませんでした。
　月の出ない日を1日とし、逆に満月は15日。どの月も必ずそうなっていましたから、月の満ち欠けが基準だったのです。月の見え方と暦が一致していた方が何かと都合がよいことが多かったからです。

　太陽と月が同じ方向にある瞬間を朔といい、この朔から次の朔までを1カ月とします。その間隔は29.27日から29.83日、平均すると29.53日でした。つまり1カ月を29日か30日にすればだいたい合い、29日を小の月、30日を大の月といい、この大の月と小の月の組み合せから当時の暦はできていました。ですから今のような、28日や31日は存在しなかったのです。
　では1年はどうでしょう。大の月を12カ月並べても365日には届きません。そうなんです、当時の1年の日数は365日とはかぎらず年によりバラバラであって、354日もあれば385日もありました。1年が13カ月というのがあったぐらいです。その年は例えば、4月と5月の間に閏4月というのがはさまっていたりします。もちろん閏月は4月に限らず、どの月でもあり得ました。
　当時は月給制ではなく年間で手当てが決まっていたことも多く、13カ月の年は生活のやりくりも大変だったでしょう。1年が12カ月、標準が365日となるのは明治5年（1872年）まで待たなければいけません。

　江戸時代の人たちはその年の暦を覚えるのに苦労したことでしょう。ですが自然と一体になった暮らしを送っていたことも同時に読み取れます。当時は夜空を見上げれば、カレンダー無しでだいたいの日付が予測できたのです。

コラム② 枡の容積

　容積の単位1升は枡1杯分の量でした。ここでは枡の大きさについて少し補足をしておきます。
　多くの算術書が書かれた1600年代前期は、ちょうど切りかえの時期と重なっていたようで、そこで"昔枡"、"今枡"という2つの枡を混乱しないよう併記されています。
　さてみなさんは、どちらの容積が大きいと思いますか？

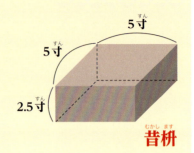
昔枡

　それでは実際に計算してみましょう。

昔枡…5×5×2.5＝62.5
今枡…4.9×4.9×2.7＝64.827

このように少しだけ今枡の方が大きいことになります。

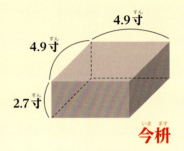
今枡

　少しだけと言いましたが、お百姓さんからすれば大きな問題です。なぜなら年貢は"枡1杯分"を単位として納めるからです。
　今の量に計算すると昔枡の1升は約1.74ℓ、今枡ならば約1.8ℓです。そこで1升につき0.06ℓの差ですから、1石（枡100杯分）では6ℓ分の差がでます。つまりお百姓さんはその分だけ多くのお米を納めなければならなかったといわれています。
　ただ、今枡には対角線上に"つるかけ"と呼ばれる細くて丸い鉄の弦が渡してあって、それをギリギリ避けるようにいっぱいにすれば、昔枡とそれほど量は変わらないようです。さて、実際はどのように量ったのでしょうか。

▼1866年『改算記大成』の今枡

　1793年『算法智恵海大全』などでは、右のような内のりの"武者枡"も出てきます。これは京枡（今枡）の8割の量（0.8倍）です。
4.65×4.65×2.398＝51.850755（今枡の約0.7998倍）

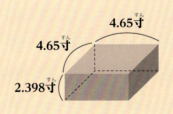

3 江戸の単位を上手に使いながら計算しよう

1. 重さの単位の計算 ……………………………………… p.64
2. 長さの単位の計算 ……………………………………… p.66
3. かさの単位の計算 ……………………………………… p.70
4. 広さの単位の計算 ……………………………………… p.74
5. 体積や容積の単位の計算 ……………………………… p.78
6. いろいろな計算 ………………………………………… p.80
   コラム❸ 江戸っ子はファーストフードが好き ……… p.84

3 江戸の単位を上手に使いながら計算しよう

1. 重さの単位の計算

重さの単位はp.24～p.27にあります。ここは"匁"と"斤"が出てきます。

● かけ算とわり算の復習

まずはじめに、かけ算とわり算の確認をしておきましょう。

■ ①かけ算とは

 ×  =

ひとつあたりの数 × いくつ分 = 全体の数

■ ②わり算とは

 ÷  =

全体の数 ÷ いくつ分 = ひとつあたりの数

 ÷  =

全体の数 ÷ ひとつあたりの数 = いくつ分

問題22

1792年『改算智恵車大全』より

重さ1斤の胡椒の値段は銀1匁6分です。
これを18斤買うといくらでしょうか。

> 胡椒は江戸初期にはすでに、香辛料として書物に出てくるよ。うどんの薬味としても使われたんだよ。

お金の計算 銀1匁6分は銀1.6匁とする。

1（銀1匁）と 0.6（銀6分）＝銀1.6匁

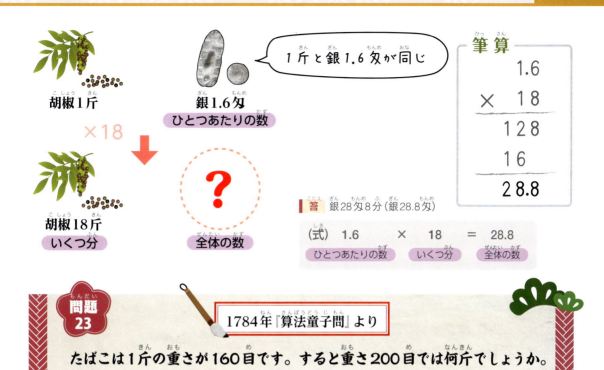

問題 23 1784年『算法童子問』より

たばこは1斤の重さが160目です。すると重さ200目では何斤でしょうか。

160目は160匁と同じです（p.24）。ここでは160目のまとまりを、1斤という別の単位で表していることになります。

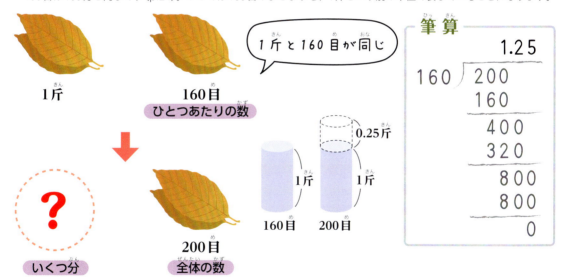

答 1斤2分5厘（1.25斤）

小数第1位を"分"、第2位を"厘"

(式) 200 ÷ 160 = 1.25
　　全体の数　ひとつあたりの数　いくつ分

1784年『算法童子問』では、"国府たばこ""丹波たばこ"という銘柄がある。当時上質のタバコだったようだ。

▼1779年『萬歳塵劫記大成』より

葉たばこの売買の様子。1斤ずつの束になっているのでしょう。

2. 長さの単位の計算

長さの単位はp.28～p.33になります。ここでは"尺"、"寸"や"反"が出てきます。

問題24

1684年『算法闕疑抄』より

布が150反あります。布1反の値段が銀7匁5分のとき、布代は合わせていくらでしょうか。

1反はp.32にあるように、反物の単位です。1人分の着物を縫うのに必要な布の量を表します。

お金の計算　銀7匁5分は銀7.5匁とする。

7　銀7匁　と　0.5　銀5分　＝銀7.5匁

150反の布では、150着分できあがるのよ。

布1反　　銀7.5匁
　　　　　ひとつあたりの数

1反と銀7.5匁が同じ

×150

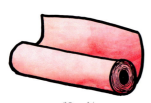
布150反
いくつ分

?
全体の数

筆算

```
      7.5
  ×   150
      3750
    75
    1125.0
```

答　銀1貫125匁（銀1125匁）

(式)　7.5　×　150　＝　1125
　　ひとつあたりの数　いくつ分　全体の数

問題 25

1792年『改算智恵車大全』より

幅1尺、厚さ7寸の木材を木挽きします。
幅1尺、厚さ1尺で、長さが同じ木材の引き賃が銀4分のとき、いくらになるでしょうか。
ただし、引き賃は板の厚さによって決まります。

※木挽きとはのこぎりをひいて、材木を分けること。

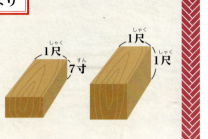

 長さの計算 1尺＝10寸、1寸＝0.1尺。すると7寸は0.7尺。

 お金の計算 銀4分は銀0.4匁とする。 ＝銀0.4匁

厚さ1尺

銀0.4匁
ひとつあたりの数

1尺と銀0.4匁が同じ

筆算

$$\begin{array}{r} 0.4 \\ \times\ 0.7 \\ \hline 0.28 \end{array}$$

×0.7 ↓

厚さ0.7尺
いくつ分

？
全体の数

答 銀2分8厘（銀0.28匁）

(式) 0.4 × 0.7 ＝ 0.28
ひとつあたりの数　いくつ分　全体の数

木を切る職人

当時は専門の「木挽き職人」がいました。この職人たちが住んでいたのが木挽町（現東京都中央区銀座）です。現在も木挽町通りの名が残っています。

▼1792年『改算智恵車大全』より

3 江戸の単位を上手に使いながら計算しよう

問題 26 1784年『算法童子問』より

三十三間堂があります。
1間の長さを6尺5寸とすれば、どれだけの長さになりますか。
ただしここでは、三十三間堂の長さを33間として計算してください。

長さの計算 1尺＝10寸、1寸＝0.1尺。すると6尺5寸は6.5寸。

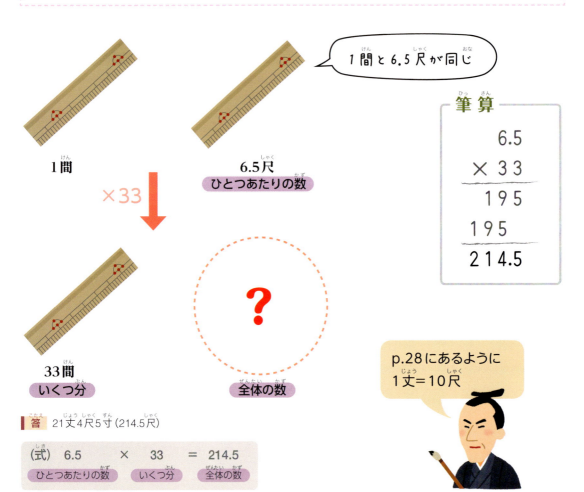

答 21丈4尺5寸（214.5尺）

(式) 6.5 × 33 ＝ 214.5
ひとつあたりの数　いくつ分　全体の数

ここに出てくる三十三間堂は、京都市東山区にある仏堂（蓮華王院本堂）のことでしょう。実際は正面からみると118mあって、33間（65m）の倍近くの長さです。このことから三十三間堂は、長さではなく柱と柱の間の数が33あることが、名前の由来として有力な説です。

問題 27

1792年『改算智恵車大全』より

絹13疋半の代銀は銀783匁です。1疋あたりにするといくらでしょうか。

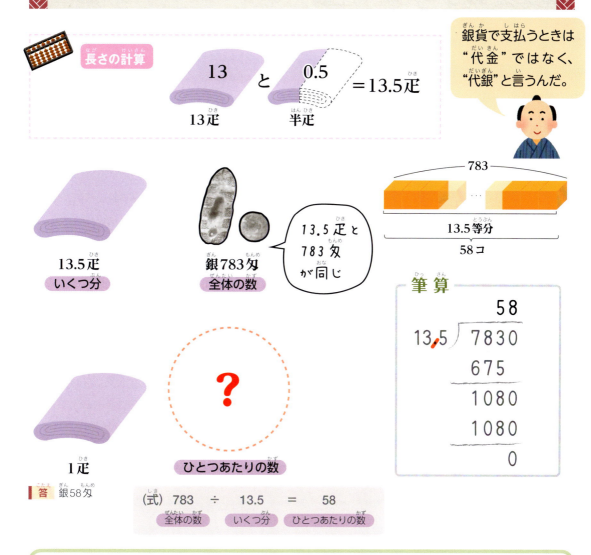

絹織物ができるまでの単位

今はシルクとも呼ばれる絹は、蚕の繭から作ります。繭の糸で織る絹織物は、1反や1疋という長さの単位が使われていました。糸のままだと重さの単位1斤や1匁になります。

3. かさの単位の計算

かさの単位はp.44〜p.49にあります。ここでは"石"や"斗"が出てきます。この単位は穀物の量だけではなく、液体の容積を表すのにも重宝しました。

問題28 1792年『改算智恵車大全』より

油1石の値段は銀287匁です。油3斗8升ではいくらになるでしょうか。

江戸時代の灯りといえば行灯です。室内に置き部屋を明るくしたり、外で看板の役割を果たすもの、あるいは手で持ち運んで足元を照らすものなどさまざまあったようです。行灯に使われたのは、綿実油や菜種油といった植物性の油でした。

かさの計算 1石＝10斗＝100升、1升＝0.1斗＝0.01石。
すると3斗8升は0.38石。

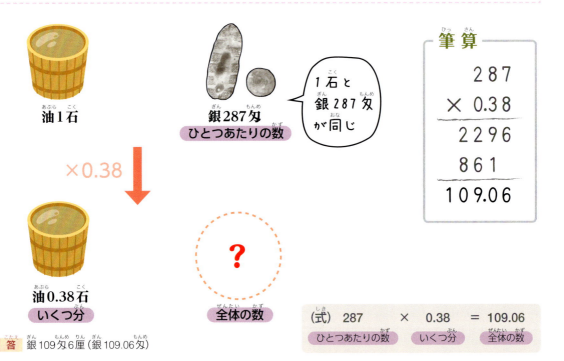

答 銀109匁6厘（銀109.06匁）

行灯は1晩中灯して6勺（0.06升）の油を消費すると言われていますから、3斗8升（38升）だとおおよそ600回分です。
また1792年『改算智恵車大全』では油の原料として、菜種油の菜種は"石"という**かさの単位**で買い、綿実油の綿は"匁"という**重さの単位**で問屋さんは購入することが読みとれます。

問題 29 　1784年『算法童子問』より

米1升あたりの米粒の数は63800粒といわれています。
それでは127600000粒では、どれぐらいの米の量でしょうか。

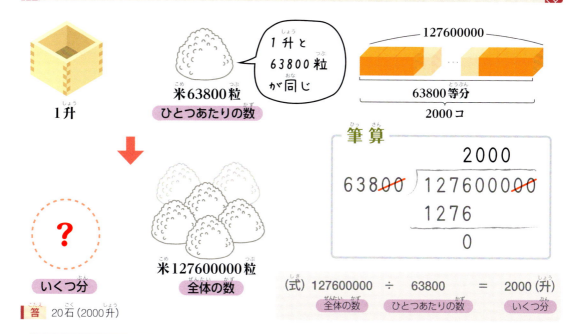

答 20石（2000升）

江戸時代の米の相場

時代とともに米の物価が上昇しています。給与が固定されている武士は、生活が年々苦しくなっていったことが想像されます。

	算術書	相場
米1石につき	1622年『割算書』	（田舎は）銀28匁
	1627年『塵劫記（26条本）』	銀25匁、銀26匁5分
	1808年『算学稽古大全』	銀42匁、銀47匁5分、銀48匁、金3分2朱
	1827年『広用算法大全』	銀48匁
米1升につき	1827年『広用算法大全』	銭78文
	江戸後期『二一天作五』	銭80文
金1両につき	1684年『算法闕疑抄』	米1石6斗
	1808年『算学稽古大全』	米1石3斗、米1石4斗
	江戸後期『二一天作五』	米8斗5升、米8斗
銀1匁につき	1622年『割算書』	米3升5合
	1627年『塵劫記（26条本）』	米3升8合
	1808年『算学稽古大全』	米2升6合、米2升7合

▼1820年『萬徳塵劫記商売鑑』より

3 江戸の単位を上手に使いながら計算しよう

問題 30

1792年『改算智恵車大全』より

塩屋は塩を俵に詰め、1俵、2俵という単位で塩問屋と取り引きをしています。
さていま、37俵の塩を買い付けようと思います。
1俵の値段が銀1匁7分ならば、全部でいくらになるでしょうか。

▼1792年『改算智恵車大全』より

塩屋の様子。この絵では器に塩を移し替えています。

ここからは俵が出てきます (p.49)。俵は穀物などを包む、藁で作られた容器のようなものです。

 お金の計算 銀1匁7分は銀1.7匁とする。

1 と 0.7 = 1.7 銀匁
銀1匁　銀7分

1俵

銀1.7匁
ひとつあたりの数

1俵と銀1.7匁が同じ

×37

37俵
いくつ分

?
全体の数

筆算

```
   1.7
×   37
  119
  51
  62.9
```

江戸時代初期にはすでに塩田が作られるようになっていたんだ。特に瀬戸内海沿岸の"十州塩田"の塩は品質も良く、江戸や大坂を始めとする各地に運ばれたよ。保存料、調味料としても欠かせなかったんだ。

答 銀62匁9分（銀62.9匁）

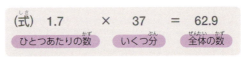
(式) 1.7 × 37 = 62.9
ひとつあたりの数　いくつ分　全体の数

問題31

1627年『塵劫記(26条本)』より

蔵に蓄えていた3456石の米を、4斗俵いっぱいに詰めます。米俵いくついりますか。

かさの計算 1石＝10斗、1斗＝0.1石だから、4斗は0.4石とする。
すると1俵＝0.4石

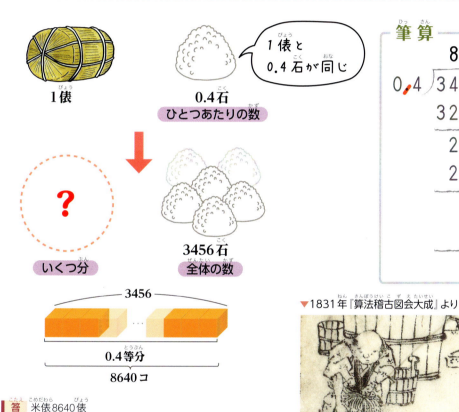

1俵

0.4石
ひとつあたりの数

1俵と0.4石が同じ

?
いくつ分

3456石
全体の数

筆算

```
        8640
0.4 )34560
     32
     ―――
      25
      24
      ―――
       16
       16
       ―――
        0
```

3456
0.4等分
8640コ

答 米俵8640俵

3456 ÷ 0.4 ＝ 8640
全体の数　ひとつあたりの数　いくつ分

▼1831年『算法稽古図会大成』より

p.49にあるように、米俵にもいろいろな大きさがありました。1俵のかさが、幕府の3斗5升から加賀藩のように5斗までバラバラです。
この2種類の量の差は、1俵で5−3.5＝1.5(斗)ですから、100俵集めれば15石です。
地域によってことなることを理解していないと、商いで思わぬトラブルを生みそうです。

4. 広さの単位の計算

田畑の広さ（面積）の単位はp.38〜p.41にあります。

● 段（反）や畝、歩の計算

ここでは"段（反）"や"畝"、"歩"が出てきます。田畑の広さは"段（反）"を基準とします。

問題32 　1659年『改算記』より

広さ1段につき1石8斗の米が収穫できる田があります。広さが8畝15歩では、どれぐらいの米が取れるでしょうか。

かさの計算　1石＝10斗、1斗＝0.1石。すると、1石8斗は1.8石。

 ＝1.8石

広さの計算　1段＝10畝、1畝＝0.1段。また、30歩＝1畝だから15歩は0.5畝。すると

8畝 と 15歩 ＝ 8畝 と 0.5畝 ＝ 8.5畝 ＝ 0.85段

1段　　米1.8石
　　　ひとつあたりの数

「1段と1.8石が同じ」

1石＝10斗＝100升
1升＝0.1斗＝0.01石
小数第1位が"斗"
小数第2位が"升"

×0.85

0.85段
いくつ分　　？
　　　　全体の数

筆算
```
    1.8
  ×0.85
  ─────
     90
   144
  ─────
   1.530
```

答　米1石5斗3升（米1.53石）

（式）　1.8　×　0.85　＝　1.53
　　ひとつあたりの数　いくつ分　全体の数

問題 33

1820年『萬徳塵劫記商売鑑』より

広さ1丁2段5畝の農地を手放すことにしました。
1段につき銀800目の金額でゆずるならば、全部でいくらになるでしょうか。

 広さの計算 1丁＝10段、1段＝10畝。

 お金の計算 銀800目は銀800匁と同じ。

ここでは"段"を基準とします。

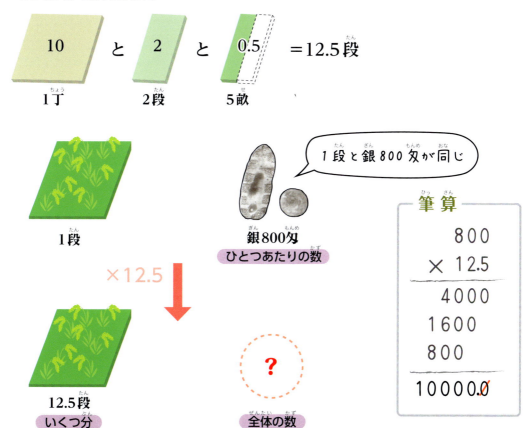

10（1丁）と 2（2段）と 0.5（5畝）＝12.5段

1段 × 12.5 → 12.5段（いくつ分）

銀800匁（ひとつあたりの数）

1段と銀800匁が同じ

？（全体の数）

筆算
```
   800
 ×12.5
 ─────
  4000
 1600
 800
 ─────
10000.0
```

答 銀10貫匁（銀10000匁）

（式） 800 × 12.5 ＝ 10000
　　　ひとつあたりの数　いくつ分　全体の数

江戸時代、田畑の売買は法律により禁じられていた。ところがこうして算術書に出てくる。

3 江戸の単位を上手に使いながら計算しよう

● 尺坪や寸坪の計算

ここからは尺坪や寸坪という単位を使います。
1辺の長さが1尺の正方形の面積を"1尺坪"、1辺の長さが1寸ならば"1寸坪"です（p.40）。

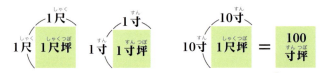

問題 34

『世法塵劫記智玉筌』より

中国から輸入した、長さ6尺5寸、幅が5尺2寸の大きさの羅紗があります。
1尺坪の代銀が4匁3分5厘のとき、この羅紗はいくらでしょうか。

 長さの計算 1尺＝10寸、1寸＝0.1尺。
すると、6尺5寸は6.5尺、
5尺2寸は5.2尺。

 お金の計算 銀4匁3分5厘は銀4.35匁とする。

4 と 0.3 と 0.05 ＝銀4.35匁
銀4匁　銀3分　銀5厘

布の面積

幅5.2尺
長さ6.5尺

「たて」×「横」
6.5×5.2＝33.8尺坪

銀4.35匁
ひとつあたりの数

1尺坪と銀4.35匁が同じ

筆算

```
    6.5        4.35
  ×  5.2     × 33.8
    130       3480
    325       1305
   33.8̶0      1305
             147.03̶0̶
```

×33.8 ↓

33.8尺坪
いくつ分

？
全体の数

答 銀147匁3厘（銀147.03匁）

（式） 4.35 × 33.8 ＝ 147.03
ひとつあたりの数　いくつ分　全体の数

羅紗は今でいうウールです。羊の毛を原料とした毛織物です。
当時はオランダや中国から輸入されていました。

羊毛

問題 35

1792年『改算智恵車大全』より

金らんという高価な布があります。
幅1尺2寸、長さ6尺の大きさの代銀が57匁6分のとき、1寸坪あたりではいくらでしょうか。

 長さの計算 1尺＝10寸、1寸＝0.1尺。
すると、1尺2寸は12寸、6尺は60寸。

 お金の計算 銀57匁6分は
銀57.6匁とする。

57 と 0.6 ＝銀57.6匁
銀57匁　銀6分

布の面積

幅12寸
長さ60寸

「たて」×「横」
12×60＝720寸坪

筆算

```
   60          0.08
 × 12      720)57.6
  120          5760
   60          5760
  720             0
```

 720寸坪 **いくつ分**

 銀57.6匁 **全体の数**

↓

 1寸坪

 ? **ひとつあたりの数**

57.6
720等分
0.08ずつ

答 銀8厘（銀0.08匁）

(式) 57.6 ÷ 720 ＝ 0.08
　　全体の数　いくつ分　ひとつあたりの数

金らんとは、金糸で紋様を織り込んだ織物です。羅紗は1尺坪あたり銀4匁3分5厘。金らんは1寸坪あたり銀8厘で、1尺坪の単位とすれば銀8匁なので、金らんの方が2倍近く高価です。

3 江戸の単位を上手に使いながら計算しよう

5. 体積や容積の単位の計算

体積や容積の単位はp.42〜p.49にあります。
ここでは"立方坪（立坪）"が出てきます。1辺が1間の立方体の体積を1立方坪（立坪）とします。

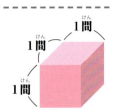

問題 36

1627年『塵劫記（26条本）』より

(1) 横幅15間、長さ383間、深さ2間の直方体の堀を掘ります。
　ここから出る土砂の量は、何立坪でしょうか。

(2) 直方体の形の堀があります。容積は5000立坪、堀の横幅5間、深さ2間半ならば、堀の長さはいくつでしょうか。

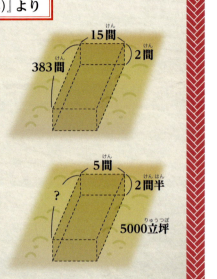

 直方体の体積（容積）の計算　たて×横×深さ

(1)（式）　383　×　15　×　2　＝　11490
　　　　　たて　　横　　　深さ

答　11490立坪

筆算

```
  383        5745
×  15      ×   2
 1915      11490
 383
 5745
```

(2)（式）　5000 ÷ (5 × 2.5) ＝ 400

答　400間

筆算

```
     5           400
×  2.5     12.5)50000
    25            500
    10              0
  12.5
```

問題 37

1627年『塵劫記（26条本）』より

「三角わく」という造作物があります。これには川の流れを調節したり、堤防を補強する役割があります。「三角わく」は三角柱の形をしています。

図のように底面を、斜辺※の長さが2間の直角二等辺三角形とします。その高さが2間のとき、この「三角わく」の容積はいくつでしょうか。

※直角の向かいにある最も長い辺のこと。

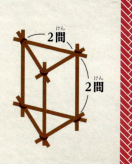

 柱体の体積（容積）計算　　**底面積×高さ**

底面積（直角二等辺三角形）
$$2 \times 1 \div 2 = 1 \text{（坪）}$$
底辺　高さ

容積（三角柱）
$$1 \times 2 = 2 \text{（立坪）}$$
底面積　高さ

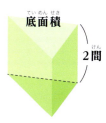

答 2立坪

高さ2間は約180cmなので、かなりの大型で設置するのも大掛かりだったはずです。枠のなかに小石やら土砂やらを詰め、安定感を持たせたのでしょう。

▼1627年『塵劫記（26条本）』より

1人が運ぶ土の量

普請の問題では1人が運ぶ土の量"1荷"がでてきます（p.49）。1622年『諸勘分物』も『算用記』もその重さは12貫匁（45kg）と書かれていました。これが当時の定説だったのでしょう。いっぽうその1人が運ぶ量は『諸勘分物』は1斗2升、『算用記』は1斗6升と別々の数値を示しています。その理由が『諸勘分物』には次のように書かれています。

「山などを崩すような、仕事のやりやすいところならば1斗6升でもよいかもしれない。ただし大きな堀などは日ごとに作業が深くなり、水が出てきて重くなるので濡れ土1荷は1斗2升である。」

また心得として、「普請場では、**いざこざの起こらないよう奉行に相談し、書面に残すと良い**」とのアドバイスが書かれています。数だけではわり切れない、気遣いも大切です。

6. いろいろな計算

最後にこれまでの内容を応用した問題をやってみましょう。

問題 38

『世法塵劫記智玉筌』より

秩父には有名な秩父絹があります。その秩父絹1疋の長さは5丈4尺です。長さ1尺の値段が銀8分のとき、1反ではいくらになるでしょうか。

※秩父…秩父地方のこと。現在の埼玉県秩父市および秩父郡

長さの計算 1丈＝10尺、1尺＝0.1丈。
すると5丈4尺は54尺。

お金の計算 銀8分は銀0.8匁とする。

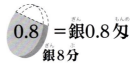

1反分の長さを出さなければいけません。1疋が54尺で、これは2反分の長さです。すると1反の長さは、54÷2＝27（尺）です。

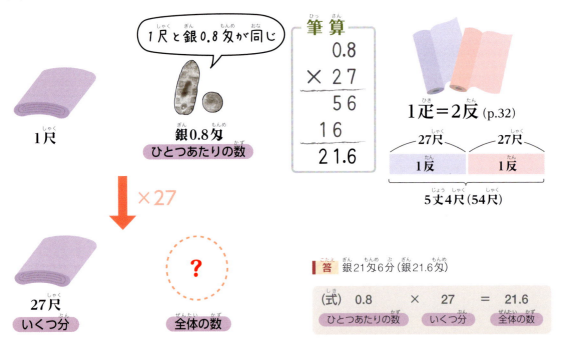

答 銀21匁6分（銀21.6匁）

（式）　0.8　×　27　＝　21.6
　　ひとつあたりの数　いくつ分　全体の数

1627年『塵劫記（26条本）』では、木綿の1反が銀5匁。絹の1反が銀20匁や銀30匁と値段が出てきます。やはり絹は高級品だったようです。

江戸初期の算術書では絹を題材にした出題はあまり多くなく、もっぱら木綿ばかりです。特に1631年『新編塵劫記（48条本）』では1題もありません。

問題39

1792年『改算智恵車大全』より

醤油1石につき、銀40匁の値段です。
この醤油7升を樽につめたときの代銀は合わせていくらになるでしょうか。
ただし樽代は銀1匁3分です。

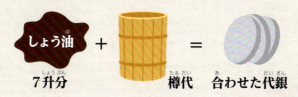

7升分　　樽代　　合わせた代銀

かさの計算　1石＝100升、1升＝0.01石。すると7升は0.07石。

しょう油1石

1石と銀40匁が同じ

銀40匁
ひとつあたりの数

筆算
```
    40
 × 0.07
 ─────
  2.80
```

×0.07

しょう油0.07石
いくつ分

？
全体の数

＋

樽代は銀1匁3分

答 銀4匁1分（銀4.1匁）

（式）　40　　×　0.07　＝　2.8
　　　　2.8　　＋　1.3　＝　4.1
　　ひとつあたりの数　　いくつ分　　全体の数

上方は薄口、関東は濃口と言うよ。1700年代前半までは7〜8割が上方産だよ。

▼1792年『改算智恵車大全』より

店先の様子。看板に"しょうゆ"、"みそ"の字がみえる。

3 江戸の単位を上手に使いながら計算しよう

問題 40

1820年『萬徳塵劫記商売鑑』より

くり綿6貫400匁の重さにたいして、その金額は銀100匁と言われました。
別の問屋と値段を比べたいので、唐目1斤あたりの値段を出したいと思います。
さていくらでしょうか。
ただし、唐目1斤は160匁です。

 重さの計算 6貫400匁＝6400匁

くり綿6貫400匁（6400匁）は唐目（p.27参照）にして何斤でしょうか。

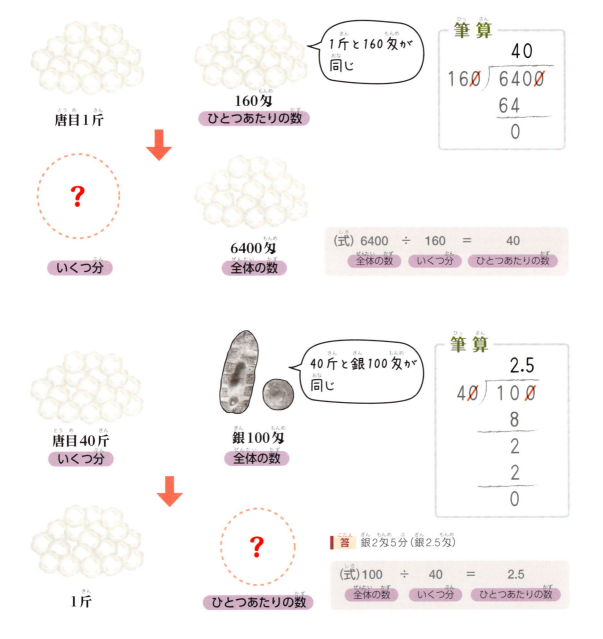

答 銀2匁5分（銀2.5匁）

「綿」「実綿」「くり綿（繰綿）」「むしろ綿」といった加工前の状態は、斤などの重さで量ります。一方、「木綿」「縞木綿」といった綿織物は長さで測ります。木綿は江戸時代の最もポピュラーな衣服の素材でした。今はコットンとも呼ばれます。

実綿

くり綿

縞木綿

問題 41

1793年『算法智恵海大全』より

小判で米を買います。
小判1両につき米1石6斗の代金のとき、米1石の値段はいくらになるでしょうか。

 かさの計算 1石=10斗、0.1石=1斗。すると、1石6斗は16斗。

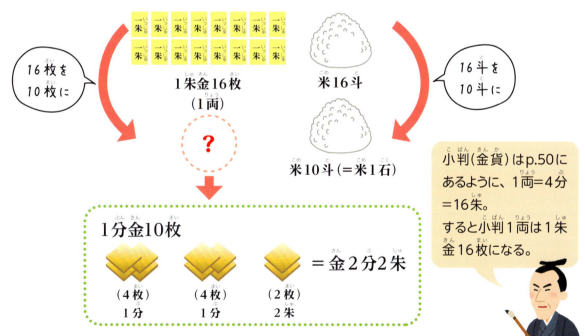

答 金2分2朱

玄米を精米したものが白米です。つまり玄米から白米にする際に量が減り、これを搗減といい割合で表します。
一般には玄米5石に白米4.5石で「1割」の搗減といいますが、『二一天作五』では他に、「1割6分」「2割」の搗減。「玄米の量は白米の2割5分増」などとの記述があります。

コラム❸ 江戸っ子はファーストフードが好き

江戸の町は江戸後期になると、100万人を超える大都市でした。
ここでは江戸時代の食について少し触れてみます。

描写された江戸の町は"棒手振り"とよばれる行商人であふれていました。
かごやざるを竿先にくくりつけた、背丈の長さくらいの棒を肩に担いで、街中を売り声と共に売り歩いていました。

その様子をこんな川柳によみました。

「納豆と　しじみに朝　起こされる」

出典：Wikipediaより

前日に買い置きをしなくても、朝食の心配はいりません。明け方だというのに棒手振りが、長屋まで朝食の食材を売りに来てくれます。
江戸時代にはもちろん、スーパーやコンビニなるものはありませんから、その日の食材は、いつも決まって来る棒手振りから、欲しい時に買えばよかったのです。
魚などはその場でさばいてくれたようですし、豆腐も必要な分だけ切り売りしてくれました。さらには調味料や日用品、文具などを専門に扱う行商人もいました。まるで宅配サービスのようです。

江戸は独身者や単身赴任の多い町でもありました。
そこで多く見かけるのが屋台です。一人で担いで簡単に移動できる小ぶりなものも多かったそうです。
屋台があれば自炊の必要ありません。
"そば" "鮨" "てんぷら" "うなぎ"…。
おいしい物がたくさんあります。
これらは屋台から広まったので、今で言うＢ級グルメでした。
それに値段も手頃でしたから、いつでもどこでもお腹を満たすことができました。まさにファーストフードです。

4 比や割合を使いこなした江戸時代

1. くらべる量ともとにする量 …………………… p.86
2. ものさしの換算 …………………………………… p.92
3. 比や割合を線分図で表す ………………………… p.94
4. 長崎の買い物 ……………………………………… p.98
5. 味噌・醤油の仕込み ……………………………… p.100
6. 消去算 ……………………………………………… p.102
7. 割合が一定に増減する …………………………… p.104
8. 交会術 ……………………………………………… p.106
9. 歩合を理解しよう ………………………………… p.108
10. 今では使われない割合 ………………………… p.110
11. 線分図のまとめ ………………………………… p.112

コラム❹ 利足の算法 …………………………… p.114

1. くらべる量ともとにする量

ここからは割合の考え方を学びます。江戸時代も多くの割合の問題が登場します。

割合＝くらべる量÷もとにする量

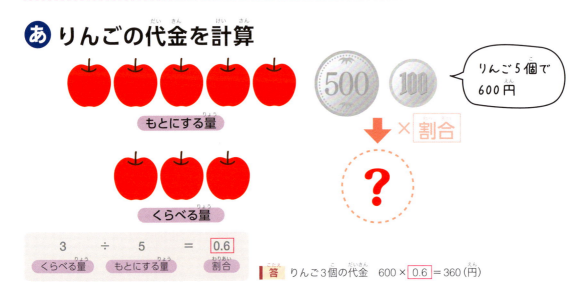

あ りんごの代金を計算

りんご5個で600円

3 ÷ 5 = 0.6
くらべる量　もとにする量　割合

答 りんご3個の代金　600 × 0.6 ＝ 360（円）

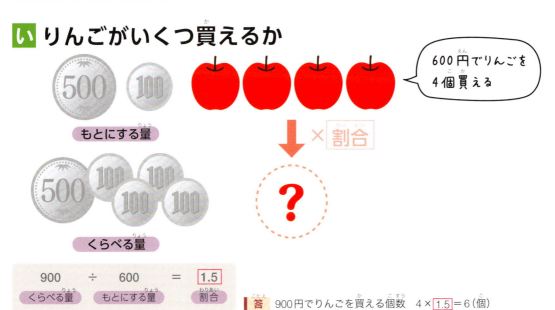

い りんごがいくつ買えるか

600円でりんごを4個買える

900 ÷ 600 = 1.5
くらべる量　もとにする量　割合

答 900円でりんごを買える個数　4 × 1.5 ＝ 6（個）

1つの式にすると

あ 600×3÷5　　600×$\frac{3}{5}$　　い 4×900÷600　　4×$\frac{900}{600}$

別解　りんご1個分の代金を求め計算する
　　あ 600÷5＝120（円）　　い 600÷4＝150（円）
　　　120×3＝360（円）　　　900÷150＝6（個）

問題 42　1820年『萬徳塵劫記商売鑑』より

絹180疋を織るのに、重さにして14貫508匁の糸が必要です。では絹45疋ではどれぐらいの糸がいるでしょうか。

※"疋"はp.32参照。

 重さの計算　1貫匁＝1000匁。14貫508匁＝14508匁。

絹180疋　**もとにする量**

糸14508匁

絹180疋で糸14508匁

×割合

絹45疋　**くらべる量**

?

▼1820年『萬徳塵劫記商売鑑』

45	÷	180	=	0.25
くらべる量		もとにする量		割合

糸の重さ
14508 × 0.25 = 3627

1つの式にすると

14508×45÷180　　14508×$\frac{45}{180}$

答　糸3〆627（匁）（糸3627匁）

問題 43　『世法塵劫記智玉筌』より

黒砂糖1斤の代銀は銀2匁8分です。
では、目方（重さ）120匁ではいくらになるでしょうか。
ただし黒砂糖1斤を160匁とします。

 お金の計算　銀2匁8分＝銀2.8匁。

4 比や割合を使いこなした江戸時代

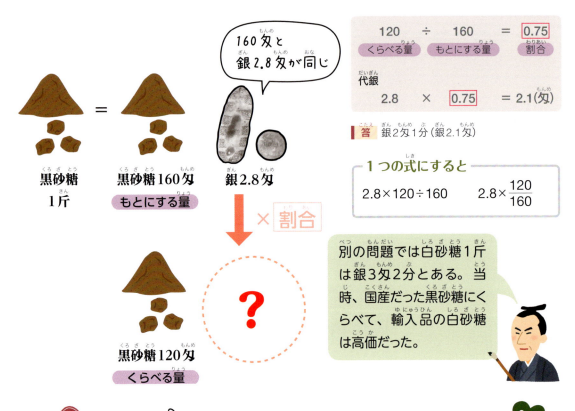

問題 44 1784年『算法童子問』より

紙1束は400枚です。
5束の代銀が銀21匁のとき、紙150枚ではいくらでしょうか。

紙5束は、400×5＝2000（枚）です。

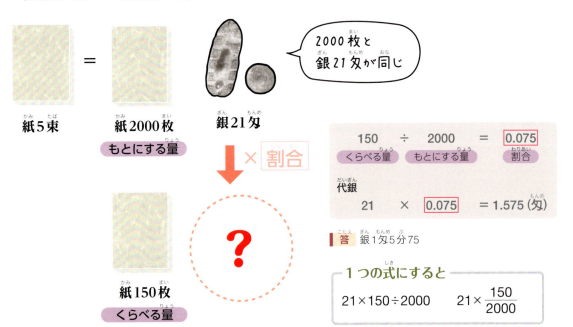

問題 45 『世法塵劫記智玉筌』より

平野目1斤は220目です。平野目56斤の代銀が61匁6分のとき、分銅目36斤ではいくらになるでしょうか。ただし分銅目1斤は300目です。

広さの計算　220目と220匁、300目と300匁は同じこと (p.24)。

お金の計算　銀61匁6分＝銀61.6匁。

・平野目1斤
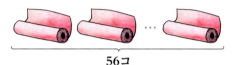
= 220×56＝12320（目）

・分銅目1斤
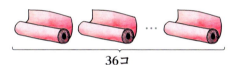
= 300×36＝10800（目）

木綿12320目
もとにする量

銀61.6匁

12320目と銀61.6匁が同じ

× 割合

木綿10800目
くらべる量

?

10800 ÷ 12320 = $\frac{135}{154}$
くらべる量　もとにする量　割合

代銀
61.6 × $\frac{135}{154}$ = 54

答 銀54匁　　（＊）代銀とは銀でお金を支払うこと。

1つの式にすると

61.6×10800÷12320　　61.6×$\frac{10800}{12320}$

◎この問題では明らかに、前の式の方が計算しやすい

1627年『塵劫記（26条本）』では、わり算を先に計算するのを"悪しき算用"として、"初心者がやること"と戒めています。言う通り、かけ算を先にしないと小数になって計算がややこしくなります。いっぽうで、かけ算を先にすることを"よき算"と称えています。

4 比や割合を使いこなした江戸時代

問題 46

1631年『新編塵劫記（48条本）』より

たての長さが38間5尺2寸、横が25間の長方形の田があります。この面積はいくつでしょうか。
ただし1間を6尺5寸とします。
（田畑の面積の単位はp.38）

長さの計算　1尺＝10寸、1寸＝0.1尺。すると、5尺2寸＝5.2尺、6尺5寸＝6.5尺。

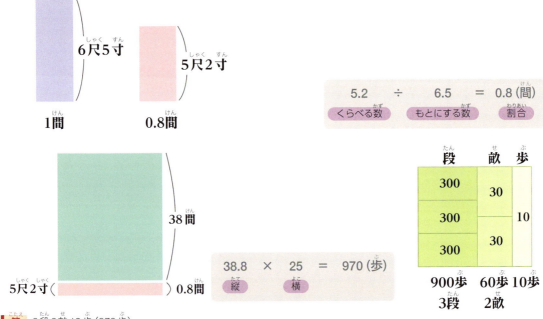

答　3段2畝10歩（970歩）

問題 47

1792年『改算智恵車大全』より

高さ5尺2寸、幅20間の塀があります。この塀の坪数はどれぐらいでしょうか。ただし1間を6尺5寸とします。
（建造物の面積の単位はp.39）

長さの計算　1尺＝10寸、1寸＝0.1尺。すると、5尺2寸＝5.2尺、6尺5寸＝6.5尺。

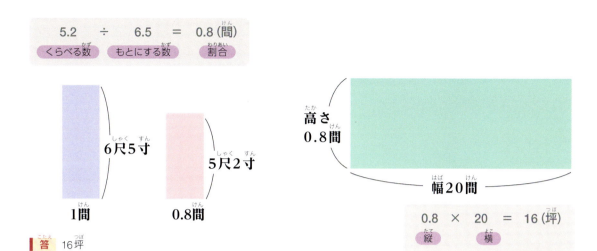

答 16坪

問題 48

1827年『広用算法大全』より

表通りに面したある表店の大きさは、表口が1丈3尺、裏行が3丈9尺です。坪数にするとどれぐらいでしょうか。ただし1間を6尺5寸とします。

（屋敷の面積の単位はp.34、p.39）
※裏行とは奥行のこと。

 長さの計算 1丈＝10尺、1尺＝0.1丈。すると、1丈3尺＝13尺、3丈9尺＝39尺。

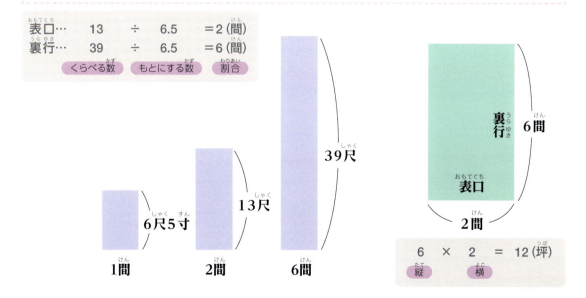

答 12坪

2. ものさしの換算

ものさしの種類にはさまざまなものがあり、1尺でも同じ長さではありませんでした。ここではそのめんどうな換算をします。

● 単位をそろえる

次の問題では、"反物は鯨尺"、"金箔は曲尺"と別々のものさしで測られているので、曲尺の寸法に統一にします。

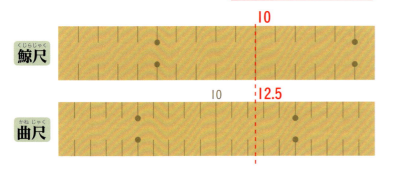

曲尺と鯨尺はものさしの間隔がちがうのよ。

問題 49

1831年『算法稽古図会大成』より

絹1反の布地にうろこ形※の金箔を貼ります。
絹のたけは鯨尺で測り、幅が1尺3寸、長さが2丈8尺です。
これに1辺が曲尺で3寸の正方形の金箔を貼るとき、何枚必要になるでしょうか。

※うろこ形とは、図にあるような三角形を組み合わせた図形です。

 長さの計算 1丈＝10尺＝100寸、1寸＝0.1尺＝0.01丈。
すると、1尺3寸＝13寸、2丈8尺＝280寸。

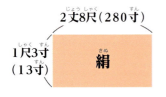

◀1831年『算法稽古図会大成』より

 鯨尺の1尺＝曲尺の1.25尺

反物と金箔のそれぞれの面積を計算します。
ただし、13×280 と 3×3 で比べてはいけません。

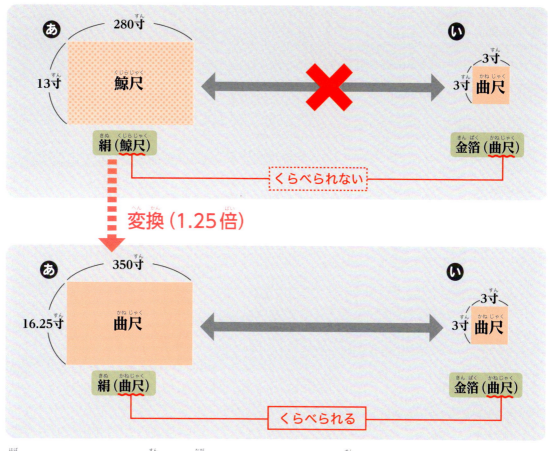

幅……1.25×13＝16.25（寸）　　長さ……1.25×280＝350（寸）

そこで❶と❷の面積を、布地の計算でよく使う"寸坪"という単位（p.40）で表します。

　❶ …16.25 × 350 ＝ 5687.5（寸坪）
　❷ …3 × 3 ＝ 9（寸坪）

布地にうろこ形を織るには、❶の面積の半分の金箔が使われますので、そこに貼る❷の数は、

　5687.5 ÷ 2 ÷ 9 ＝ 315.972…（枚）

だから、315枚ではたりません。

答　金箔316枚

もちろん鯨尺に合せることもできます。
曲尺1尺＝鯨尺0.8尺　だから次のようにし計算します。

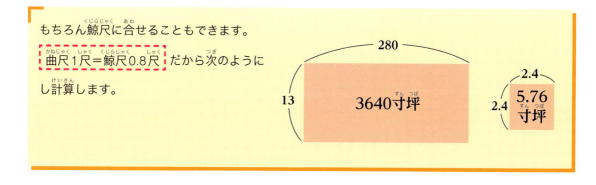

3. 比や割合を線分図で表す

多くの割合の問題は、線分図を助けにすることで、よりわかりやすくなります。

● 線分図の表し方

割合で考えるのは以下の2つです。
・全体から㋐や㋑の割合を知ること
・㋐から、全体や㋑の割合を知ること

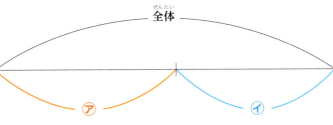

あ

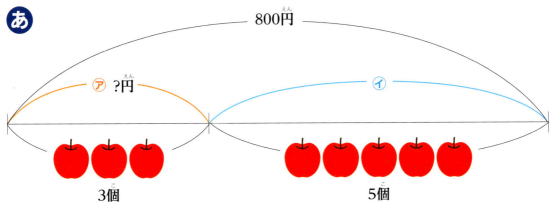

㋐は全体の $\dfrac{3}{3+5} = \dfrac{3}{8}$ だから、

㋐の金額は、$800 \times \dfrac{3}{8} = 300$（円）

い

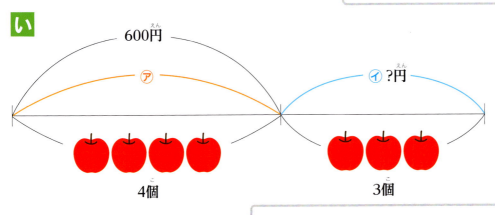

p.86の「くらべる量」÷「もとにする量」から、

㋑は㋐の $3 \div 4 = \dfrac{3}{4}$ だから、$600 \times \dfrac{3}{4} = 450$（円）

ちょっとむずかしいけど大事な考え方よ。

別解　りんご1個分の代金を使う

あ $800 \div (3+5) = 100$（円）　　い $600 \div 4 = 150$（円）
　　$100 \times 3 = 300$（円）　　　　　$150 \times 3 = 450$（円）

問題50

1627年『塵劫記(26条本)』より

米100石を船で運ぶには、米7石の運賃がかかります。

いま250石の米があります。この中から船の運賃も払うとすると、運ばれる米はどれぐらいでしょうか。

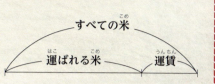

もし107石積んだら100石の米が運ばれます。これを割合にすると、次のようになります。
運ばれる米を⑩⑩とすれば、運賃は⑦です。すると全体は⑩⑦です。

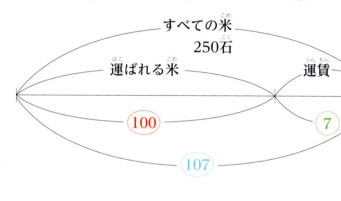

あの考え方だね。

運ばれる米は全体の $\frac{100}{107}$ です。

$$250 \times \frac{100}{107} = \frac{25000}{107} = 233\frac{69}{107}$$

答 米 $233\frac{69}{107}$ 石

別解 運ばれる米を①とすれば、全体は①.07。つまり 250÷1.07 を計算する。

※p.110の歩合でいえば、運ばれる米の量は全体の"外7分引"です。

大量の物資は船で運びます。その中でも1610年ごろから始まった「菱垣廻船」は、当時としては大型の250石積で大坂と江戸の行き来していました。

▼『改算記大成』より

菱垣廻船の1回の輸送にかかる運賃は、積荷全体の($\frac{7}{107}$=) 約6.5%だったんだ。

4 比や割合を使いこなした江戸時代

問題 51

1627年『塵劫記（26条本）』

農村では収穫物の一部を税金として納めました。収穫量に応じて納める税金を年貢といいます。これには本米、口米、夫米とよばれ種々の税金がかかってきました。

> 口米…諸経費という名目の税金。
> 夫米…夫役と言って義務的な労働が課せられていた時代があった。その名残りとして、人足を出さずに代わりに納める税金。

本米1石につき、口米が2升、夫米が6升の割合です。

(い) 納めた年貢が24710石4斗のとき、本米はどれくらいですか。

(ろ) 納めた夫米が米1372石8斗のとき、本米はどれぐらいですか。

かさの計算 1石＝10斗＝100升、1升＝0.1斗＝0.01石。
すると、24710石4斗は24710.4石、
1372石8斗は1372.8石。

本米、口米、夫米をそれぞれ⑩⑩、②、⑥とおきます。すると納める年貢全体は⑩⑧です。

(い)

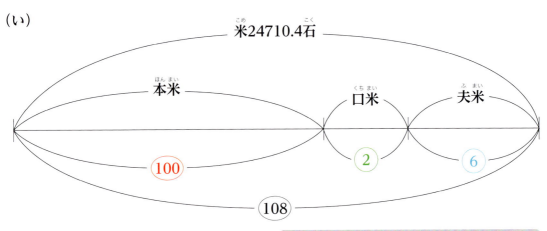

これはあの考え方（p.94）です。

年貢にたいする本米の割合は $\frac{100}{108}$ です。

$24710.4 \times \frac{100}{108} = 22880$（石）

（ろ）

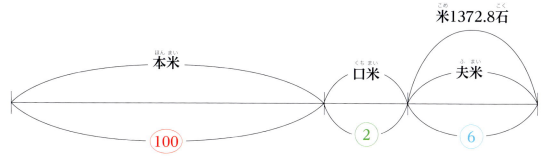

これは **い** の考え方（p.94）です。

> ここで夫米にたいする本米の割合は、$\frac{100}{6}$ です。
>
> $1372.8 \times \frac{100}{6} = 22880$（石）

答 米 22880 石

別解 （い）本米を①とすると、年貢の割合は ⑩⑧ です。
　　　　$24710.4 \div 1.08 = 22880$（石）
　　（ろ）本米を①とすると、夫米の割合は 0.06 です。
　　　　$1372.8 \div 0.06 = 22880$（石）

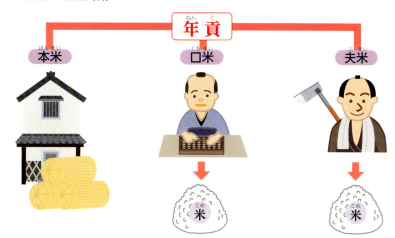

口米、夫米の割合

本米を本途物成、口米や夫米などの雑税を小物成ともいいます。
時代が下ると、一部を金銀で納めるようになりました。
「口米3升、夫米5升」「口米2升、夫米5升」「口米3升、夫米6升」なども算術書に出てきますので、地域や年代によっても年貢の割合は一定ではなかったようです。

4. 長崎の買い物

外国からの輸入品は、一部の商人だけが独占的に取引が許されていました。これを"糸割符制度"と言います。当時こうした商人たちに、価格の決定から一括購入までの特権が与えられていました。

問題 52

1631年『新編塵劫記（48条本）』より

京・堺・大坂の3商人は、京の商人が銀64貫800匁、堺の商人が銀52貫300匁、大坂の商人が銀42貫900匁の合わせて銀160貫匁を持っています。この3商人が協同で、人参250斤、沈香70斤、巻き物280巻、糸8400斤を中国から輸入します。
　商人たちは出した金額にあわせて、購入した品物を平等に分けるとします。それぞれの品物について、各商人が手にするのはどれぐらいの量でしょうか。

お金の計算　銀1貫匁＝銀1000匁。すると、銀64貫800匁＝銀64800匁、銀52貫300匁＝銀52300匁、銀42貫900匁＝銀42900匁、銀160貫匁＝銀160000匁。

重さの計算　ここでの1斤は160匁とする。

長さの計算　1巻は3丈8尺。すると、1巻＝38尺。

※人参とは薬用で高価だった高麗人参。沈香とは芳香を楽しむ木片のこと。

京の商人、堺の商人、大坂の商人がそれぞれ出した金額を、⑥⑷⑧、⑤②③、④②⑨とし、全体を⑯⓪⓪とします。

この線分図をもとにし、1つ1つの品物について考えていきます。

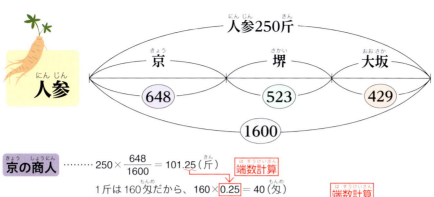

京の商人 ……… $250 \times \dfrac{648}{1600} = 101.25$（斤） 端数計算

1斤は160匁だから、160 × 0.25 = 40（匁） 端数計算

堺の商人 ……… $250 \times \dfrac{523}{1600} = \dfrac{2615}{32} = 81\dfrac{23}{32}$（斤） $160 \times \dfrac{23}{32} = 115$（匁）

大坂の商人 ……… $250 \times \dfrac{429}{1600} = \dfrac{2145}{32} = 67\dfrac{1}{32}$（斤） $160 \times \dfrac{1}{32} = 5$（匁） 端数計算

答 京の商人 101斤40匁　堺の商人 81斤115匁　大坂の商人 67斤5匁

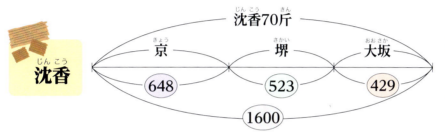

京 …… 28.35斤
堺 …… 22$\dfrac{141}{160}$斤
大坂 … 18$\dfrac{123}{160}$斤

人参と同じように端数を計算します。

答 京の商人 28斤56匁　堺の商人 22斤141匁　大坂の商人 18斤123匁

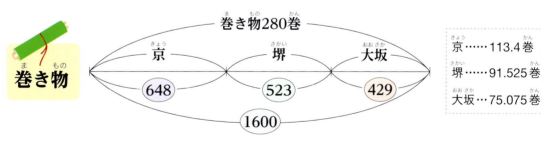

京 …… 113.4巻
堺 …… 91.525巻
大坂 … 75.075巻

1巻は3丈8尺だから38尺。
38 × 0.4 = 15.2（尺）、38 × 0.525 = 19.95（尺）、38 × 0.075 = 2.85（尺）

答 京の商人 113巻1丈5尺2寸　堺の商人 91巻1丈9尺9寸5分　大坂の商人 75巻2尺8寸5分

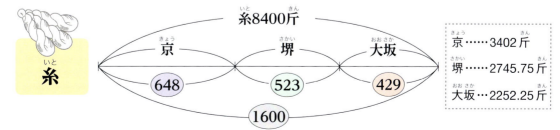

京 …… 3402斤
堺 …… 2745.75斤
大坂 … 2252.25斤

人参と同じように端数を計算します。

答 京の商人 3402斤　堺の商人 2745斤120匁　大坂の商人 2252斤40斤

5. 味噌・醤油の仕込み

ここでは割合どうしのかけ算です。算数でもよく使う手法です。

次のような買い物をします。

代金の合計　　20×4＝80（円）　　　50×3＝150（円）

さて、1つあたりの値段を比にすると、㋐と㋑で20：50＝②：⑤。個数の比をとると㋐と㋑で④：③です。ここから合計の代金の比をとると

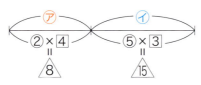

となって、㋐または㋑の線分の長さは、
「1つあたりの金額」×「いくつ分（個数あるいは量）」
を表します。次はこのことを利用します。

問題53　1784年『算法稽古車』より

味噌造りをします。それには大豆1升について、糀9合、塩3合5勺を混ぜて仕込みます。

いま銀56匁9分の金額を余さず使い、味噌を仕込むことにしました。まず薪代が3匁かかり、大豆、糀、塩は、

大豆1升あたり銀2分5厘
糀1升あたり銀5分
塩1升あたり銀2分

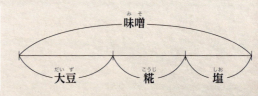

の金額がかかるとき、大豆、糀、塩はそれぞれいくら分買えるでしょうか。

 かさの計算　1升＝10合＝100勺、0.01升＝0.1合＝1勺。すると9合＝0.9升、3合5勺＝0.35升。

 お金の計算　銀1匁＝銀10分＝銀100厘、銀1厘＝銀0.1分＝銀0.01匁。すると、銀56匁9分＝銀56.9匁、銀2分5厘＝銀0.25匁、銀5分＝銀0.5匁、銀2分＝銀0.2匁。

次のように仕込みの配合や金額を表にまとめます。

	大豆	糀	塩
㋐大豆1升あたりの量	1升	0.9升	0.35升
㋑1升あたりの金額	銀0.25匁	銀0.5匁	銀0.2匁
㋑×㋐	銀0.25匁	銀0.45匁	銀0.07匁
全体の分配比	25	45	7

㋐は味噌を仕込むための配合の割合。㋑が金額です。
ここで「1升あたりの金額」×「(大豆を基準として)いくつ分」を計算すれば、㋑×㋐になります。
そこでかかった金額から薪代をひいた残りを、㉕、㊺、⑦に分配します。

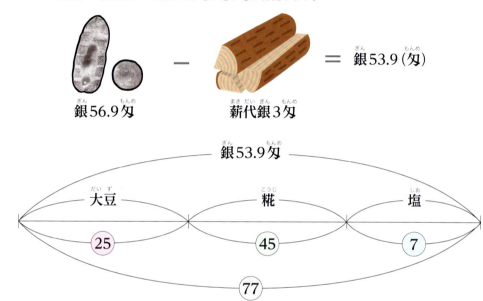

全体にたいしてのそれぞれ代銀の割合は、

大豆 $\dfrac{25}{77}$、糀 $\dfrac{45}{77}$、塩 $\dfrac{7}{77}$

大豆 …… $53.9 \times \dfrac{25}{77} = 17.5$ (匁)

糀 …… $53.9 \times \dfrac{45}{77} = 31.5$ (匁)

塩 …… $53.9 \times \dfrac{7}{77} = 4.9$ (匁)

答 大豆 銀17匁5分 糀 銀31匁5分 塩 銀4匁9分

> 醤油造りの問題も算術書に出てくるの。大豆、小麦、塩、糀それに薪が準備されて、やり方は味噌といっしょよ。

ちなみに大豆1升にあたる仕込みを1回とすると、仕込みにかかる金額は、
$0.25 + 0.45 + 0.07 =$ 銀0.77(匁)
です。よって $53.9 \div 0.77 = 70$ (回)造れることになります。
ところで、配合の具合を今と比べると、できあがりは少し辛口です。

6. 消去算

複数の線分図を何倍かして組み合わせることで、消去しながら目的のものを求めていくのに有効です。

 問題 54

1674年『算法闕疑抄』より

今朝、鯛2枚と鯉3喉を買ったら合せて銀82匁5分でした。また晩に、鯛3枚と鯉1喉を買ったら合せて銀62匁5分です。このとき、鯛1枚と鯉1喉の値段はそれぞれいくらでしょうか。

※"喉"は鯉を数えるときの単位です。

お金の計算 銀82匁5分＝銀82.5匁、銀62匁5分＝銀62.5匁。

鯛1枚の値段を○、鯉1喉の値段を△として、2つの線分図を準備します。
銀82.5匁の場合を㋐、銀62.5匁の場合を㋑とします。

㋐ 鯛2、鯉3だから

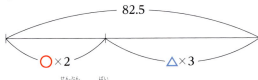

㋑ 鯛3、鯉1だから

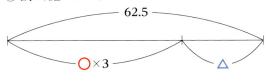

ここで㋑の線分を3倍します。

㋑×3

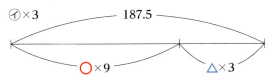

これと㋐を比べ"㋑×3−㋐"をします。
するとこれらの△の数は同じだから消えてしまいます。
そして○が、○×9−○×2だから7つ分残ります。

○×7 ＝ 187.5 − 82.5 ＝ 105
○ ＝ 105 ÷ 7 ＝ 15（匁）

また△は、㋐で、

△×3 ＝ 82.5−15×2 ＝ 52.5
△ ＝ 52.5÷3 ＝ 17.5（匁）

となります。

答 鯛1枚…15匁、鯉1喉…17匁5分

当時もめでたい晴れの日には必ず鯛が用意されていました。ですが値段は鯉の方が高かったようです。

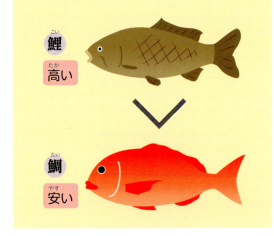

問題 55　1784年『算法童子問』より

梨は1個が銭23文、桃は16個で銭1文です。いま、買った個数と値段が同じになるように梨と桃を買いました。買った個数はそれぞれいくつか、最小の場合で答えてください。

買った梨の個数を○、桃の個数を△とします。
合せた個数を□とすれば、

ウ
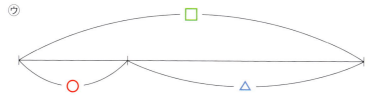

次に代金の式にすれば、梨1個は銭23文、桃1個は $1 \div \frac{1}{16} = \frac{1}{16}$（文）、合わせた値段は個数と同じ□です。

エ
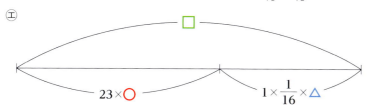

ここでエを16倍して、

エ×16
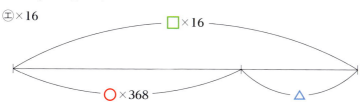

さて、エ×16 − ウをすることで、
　　□ × 16 − □ × 1 = ○ × 368 − ○ × 1
だから、□ × 15 = ○ × 367
367は15（または5や3）でわり切れないから、□や○を満たす最小の数は、
　　□ = 367、○ = 15
となり、ウより△ = □ − ○ = 367 − 15 = 352
（確かめると、352は16の倍数になっている）

答　梨15個、桃352個（合わせて367個）

> 合わせた代金は、
> 梨 23 × 15 = 345（文）、
> 桃 $352 \times \frac{1}{16} = 22$（文）
> 345 + 22 = 367（文）

1831年『永寶塵劫記大成』には1個7文の桃が出てくる。桃といってもいろいろな種類があったようだ。ちなみに桃が旬で梨が出始める時期というのが8月頃。これは旧暦では秋だから、梨や桃は俳句では秋の季語になっている。

7. 割合が一定に増減する

一定の割合で増加したり減少する算法にも線分図は効果的です。

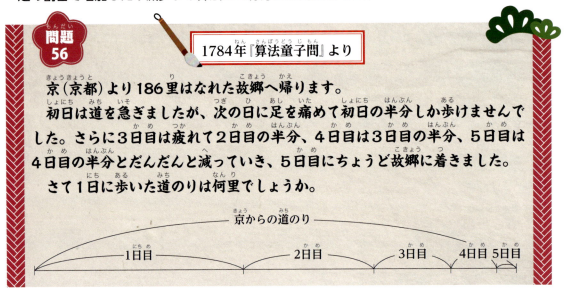

問題56　1784年『算法童子問』より

京（京都）より186里はなれた故郷へ帰ります。
　初日は道を急ぎましたが、次の日に足を痛めて初日の半分しか歩けませんでした。さらに3日目は疲れて2日目の半分、4日目は3日目の半分、5日目は4日目の半分とだんだんと減っていき、5日目にちょうど故郷に着きました。
　さて1日に歩いた道のりは何里でしょうか。

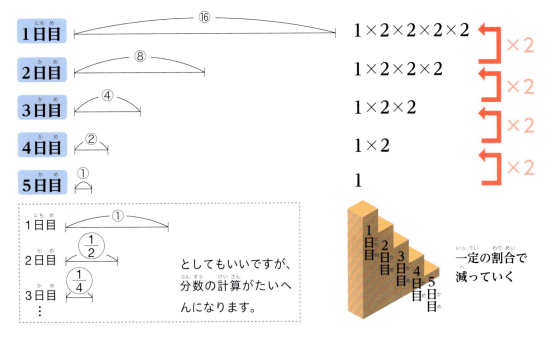

故郷へ帰るうれしさのあまり、初日にがんばりすぎたんだね。
それにしてもありそうでなさそうな設定だな。

まとめると次のようになります。

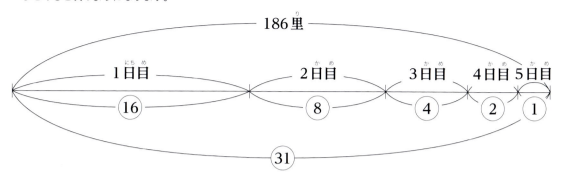

割合にすると1日目は $\frac{16}{31}$、2日目は $\frac{8}{31}$、3日目は $\frac{4}{31}$、…となり、

1日目に歩いた道のり、$186 \times \frac{16}{31} = 96$（里）

2日目は、$186 \times \frac{8}{31} = 48$（里）

3日目は、$186 \times \frac{4}{31} = 24$（里）

4日目は、$186 \times \frac{2}{31} = 12$（里）

5日目は、$186 \times \frac{1}{31} = 6$（里）

全体は㉛でこれが186里。
つまり①あたり
　$186 \div 31 = 6$
6里だね。

確認すると順次道のりは半分になっているのと、

$96 + 48 + 24 + 12 + 6 = 186$（里）

となって、正しいことがわかります。

答　1日目 96里、2日目 48里、3日目 24里、4日目 12里、5日目 6里

初日に全行程の半分を歩いたことになる。もしさらに続けて、
　$96 + 48 + 24 + 12 + 6 + 3 + 1.5 + 0.75 + \cdots$
と続ければ、これは96の2倍の192に近づく。

問題にはもともと、1里＝6町とあります。p.36にあるように1町は $\frac{1300}{11}$ mだから、

1里は $\frac{1300}{11} \times 6 = \frac{7800}{11}$ m（≒709m）です。すると初日に68kmを歩いたことになります。これは京都と神戸間に匹敵するので、やはり初日にそうとうな無理をしたのでしょう。東海道五十三次ならば三条大橋を出発し、53番目の大津宿、52番目の草津宿、51番目の石部宿、50番目の水口宿を一気に通り越し、49番目の土山宿（滋賀県甲賀市）まで進めます。

ちなみに全長の186里はだいたい132kmです。

8. 交会術

"交会術"という算法です。今は"旅人算"などともいわれます。

1784年『算法童子問』より

甲乙2人の飛脚が120里離れた京と江戸の間を往復します。甲は1日に14里、乙は11里歩きます。2人の飛脚が同時に京を出発するとき、出会ったのは出発してから何日後でしょうか。

図にすると次のようになります。

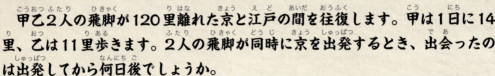

甲乙の2人が、同じ方向に進んでいるのにどうして出会うの？ と思いませんか。それはこういうことです。

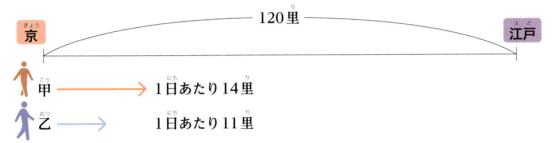

江戸に先に着いた甲が折り返し、京へ戻る途中に乙と出会うのね。

甲と乙、2人の速さの比を⑭と⑪とします。2人が出発してから出会うまでに、□日間進んだとすると、

　□日に甲の歩いた道のり＝⑭×□（里）
　□日に乙の歩いた道のり＝⑪×□（里）

これを合せると、120里の2倍の距離となります。

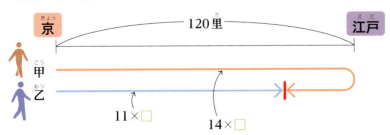

　□＝120×2÷（14＋11）＝9.6（日）

答 9.6（日）

107

問題 58

1743年『勘者御伽雙紙』より

周囲が100里の池があり、馬と牛が同じところからいっしょに出て、同じ方向へ池の周囲をまわります。馬は1日に30里、牛は5里進むとして、馬が牛に追いつくのは出発してから何日後のことでしょうか。

▼1792年『改算智恵車 大全』より

馬と牛が並んで歩いています。

2頭は同じ方向に進んでいて、1日に30−5＝25（里）の差ができます。

日数とともに、★が徐々に大きくなります。
そこで、"馬が前を進む牛を追っている"とみると、馬が1日に25里の速さで牛を追いかけるといえ、★はどんどん小さくなります。

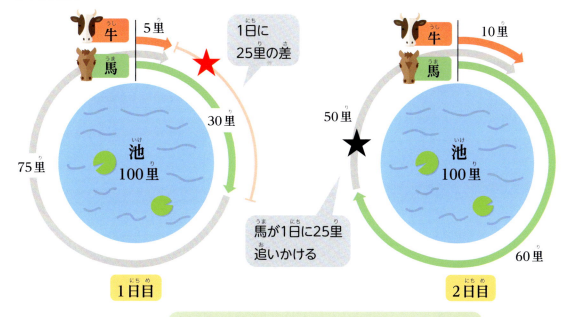

100÷(30−5)＝4（日）

答 4日後

馬が牛に追いつくということは、★がどんどん大きくなって、牛より馬が1周分多く回ったことだね（つまり馬は、1周分のハンデを負っているということ）。

馬と牛の速さの比を㉚と⑤として、□日目に追いつくとする。
　㉚×□−⑤×□＝100
としてもいい。

9. 歩合を理解しよう

○割□分という言い方は、江戸時代も使われていました。歩合とは、割合を表す方法の一つです。
0.1を1割、0.01を1分と表現します。

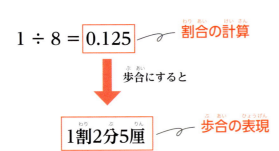

上の図は、割合を計算した結果を歩合で表しています。p.17にもあるようにけた数の違いに注意しましょう。

割合の基本の式

まずは年貢の話です。

1627年『塵劫記（26条本）』より

ある村のお百姓さんたちは、収穫した米の6割5分を物成として納めます。今年は米35200石が収穫できたとして、領主に納める物成はどれぐらいでしょうか。

※"1石"は量の単位。ここでは米の量です。

 歩合の計算 6割5分は0.65とする。

収穫した米を①とすれば、物成は0.65といえます。「くらべる量」を答えるので、❷の式です。

答 米 22880石

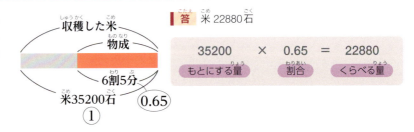

物成とは年貢のことです。江戸時代に入ると四公六民（年貢率4割）とも言われていますが、豊臣秀吉の時代は二公一民と高かったそうです。こうしたことがこの問題へも反映されています。ただ下にもあるように年貢率は年々下がっていきます。また凶作の年には、年貢を取らないこともありました。

問題 60　1631年『新編塵劫記（48条本）』より

ある大名の領地の米の収穫高は57300石です。このうち38964石を物成として納めたとすると、物成の割合はどれだけでしょうか。

※"1石"は量の単位。

「割合」を求めるので❶の式です。

答 6割8分

38964 ÷ 57300 = 0.68
もとにする量　くらべる量　割合

収穫高を①としたときの物成が0.68です。

▼1827年『広用算法大全』より

この問題では、収穫高のうち6割8分を領主が手にし、残りの3割2分を農民へ与えるという見方もできます。領主の側から見て、これを"3損2分"あるいは"免3損2分"とも言いました。
また『二一天作五』は、関東は田畑の広さを基準として税をかけ、上方は実際の収穫高（収穫量）に応じて税をかけたと述べています。さらに細かくは関東では田の分は米で納め、畑の分はお金にして納めたとも書かれます。昔は物成といい、今は厘取りというともあります。

他の算術書にみる"物成"の割合

1631年『新編塵劫記（48条本）』6ツ8分（68％）、1808年『算学稽古大全』4ツ（40％）、1827年『広用算法大全』4ツ6分（46％）、5ツ（50％）、1784年『算法稽古車』上村8ツ6分（86％）、中村7ツ8分（87％）、下村6ツ9分（69％）とランク分けがありました。

10. 今では使われない割合

江戸時代は、内2割、外2割というような、今では使われなくなった割合の表し方がありました。

 問題 61

1627年『塵劫記(26条本)』より

丁銀975匁を灰吹銀と交換します。丁銀の内2割引で灰吹銀と交換するとき、灰吹銀でどれぐらいの重さになるでしょうか。

 歩合の計算 2割は0.2とする。

ここでは2種類の銀貨が登場します。銀貨の交換の話です。丁銀とはp.54にあるように、江戸時代を通じて広く使われた銀貨です。
　一方、灰吹銀は純銀で、上銀などとも呼ばれました。
　代表的な丁銀である慶長丁銀は銅が20%入っていたので、このような出題となったのでしょう。

▼慶長丁銀

> 同じ100匁の重さでも、灰吹銀は銀が丸々100匁だが、丁銀では80匁しか銀が含まれないんだ。

　江戸時代には2割と言っても、"内2割"という考え方がありました。
　それは右図のように、全体を①とする線分図を用意し、その**内側**に⓪.2 (2割)をとります。

このようにしたとき、

・①は㋐の内2割引
・㋐は①の内2割増

といいます。
　この問題では、㋐を丁銀(「もとにする量」)、①を灰吹銀(「くらべる量」)と考えます。
　①＝①－⓪.2＝⓪.8 だから、

答 灰吹銀 780匁

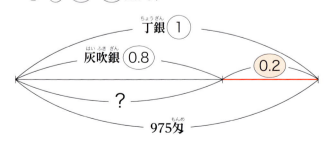

975 × ⓪.8 ＝ 780 (匁)
もとにする量　割合　くらべる量

1627年『塵劫記（26条本）』より

丁銀975匁を灰吹銀と交換します。丁銀の<u>外2割引</u>で灰吹銀と交換するとき、灰吹銀でどれぐらいの重さになるでしょうか。

 歩合の計算　**2割は0.2とする。**

今度は"外2割"です。
線分図 1 の**外側**に 0.2（2割）をとります。

このようにしたとき、

- ⓒはⓔの外2割引
- ⓔはⓒの外2割増

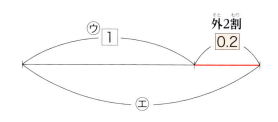

といいます。
この問題では、ⓔを丁銀（「もとにする量」）、ⓒを灰吹銀（「くらべる量」）と考えます。
ⓔ＝ 1 ＋ 0.2 ＝ 1.2 だから、

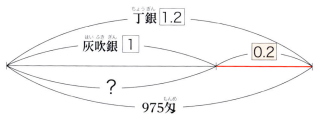

答　灰吹銀 812匁5分

975 ÷ 1.2 ＝ 812.5（匁）
もとにする量　割合　くらべる量

※このことから内2割引と外2割引を比べれば、内2割引の方が除かれる量が多いことがわかりました。
　少しわかりやすく、現代の言葉で例を作ってみました。品物の"仕入れ値"、"売り値"、"損失・利益"という3つのワードを使います。

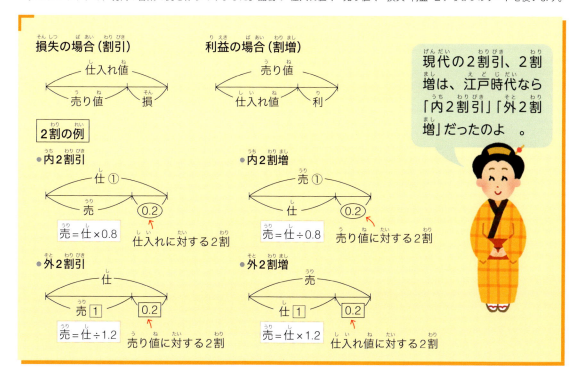

11. 線分図のまとめ

最後に線分図を利用する問題をまとめました。はじめの問題は比や割合がでてきませんが、現代では"差集め算"といい、有名なのでここにのせました。

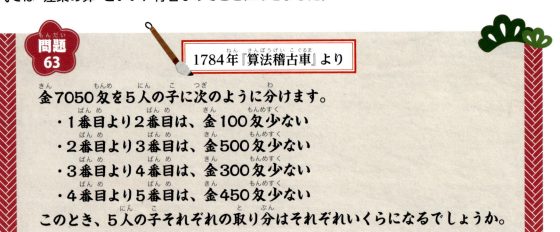

問題63 1784年『算法稽古車』より

金7050匁を5人の子に次のように分けます。
- 1番目より2番目は、金100匁少ない
- 2番目より3番目は、金500匁少ない
- 3番目より4番目は、金300匁少ない
- 4番目より5番目は、金450匁少ない

このとき、5人の子それぞれの取り分はそれぞれいくらになるでしょうか。

こうした問題は当時、"譲り金の問題"などともよばれました。
線分図を描いてみます。

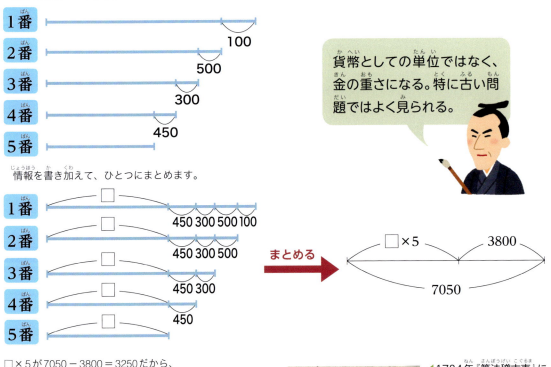

貨幣としての単位ではなく、金の重さになる。特に古い問題ではよく見られる。

情報を書き加えて、ひとつにまとめます。

□×5が7050−3800＝3250だから、
□＝3250÷5＝650（匁）

答 1番目の子　金2000匁　　2番目の子　金1900匁
3番目の子　金1400匁　　4番目の子　金1100匁
5番目の子　金650匁

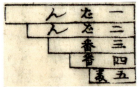

◀1784年『算法稽古車』には線分図らしき図がのっています。当時からこの考え方があったのでしょう。読む向きは"右→左"です。

問題64

1684年『算法闕疑抄』より

銀379匁4分2厘があって、これを上・中・下の3つに分けます。
・上より中は、外2割半（外2割5分）少ない
・中より下は、外2割半（外2割5分）少ない
このとき、上・中・下はそれぞれどれぐらいになりますか。

お金の計算 銀379匁4分2厘＝銀379.42匁とする。

歩合の計算 2割5分は0.25。

「外2割5分少ない」は、外2割5分引だから右図のように考えます。
①の外側に0.25をつけて、全体を1.25とします。

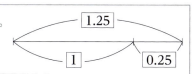

するとこの問題では次のようになります。

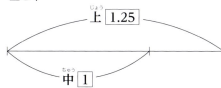

整理するとこのようになって、

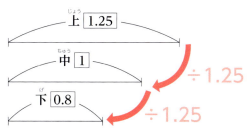

÷1.25 ⇔ ×0.8
÷2　　 ⇔ ×0.5
÷2.5 　⇔ ×0.4

多くの算術書にこのことが示されていた。

ひとつにまとめると、

1.25 + 1 + 0.8 = 3.05
だから、379.42 ÷ 3.05 = 124.4（匁）
上…124.4 × 1.25 = 155.5（匁）
下…124.4 × 0.8 = 99.52（匁）

答 上…銀155匁5分　　中…銀124匁4分　　下…銀99匁5分2厘

4 比や割合を使いこなした江戸時代

コラム ❹ 利足の算法

借金の利息に関する算法は、当時のどの算術書にも必ずのっていました。それだけ借金に抵抗がなかった時代だったのかもしれません。

1827年『広用算法大全』より

銀9貫760匁を年2割5分の利率で借ります。1年ごとにある一定額を返済することにしたら、ちょうど3年間ですべてを返し終えました。1年間で返した金額はいくらでしょうか。

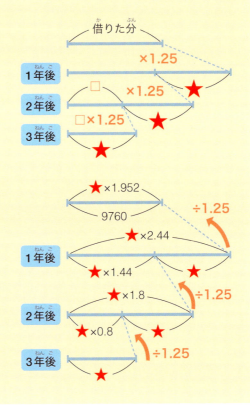

2割5分は0.25ですから、借りたお金は1年間で1.25倍にふくらんでいきます。

それを線分図にすると右のようになります。ここで毎年返済するという一定額を☆と置けば、3年間できれいにすべてなくなるので、3年後は☆の分だけの線分です。

では、その線分図の最下段から逆算してさかのぼります。

2年後の線分はこうです。まず2年目に返済する額は☆です。☆を返済してもなお残った額□があって、□には3年目に向けて2割5分の利率がつくから、□×1.25は3年目の☆と同じになります。

□×1.25＝☆　　□＝☆÷1.25＝☆×0.8

となります。

同じように1年後（1年目）は2年後の線分全体☆×1.8を使うことで、☆×1.8×0.8＋☆＝☆×2.44となり、このことから最初に借りた金額は☆×2.44×0.8＝☆×1.952と表せます。

☆×1.952＝9760（匁）　　☆＝5000匁

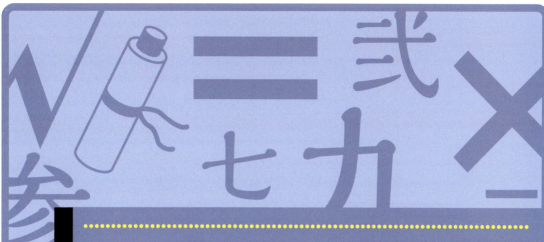

5 面積図を使いこなす算法

1. 面積図から逆比を使う　　　　　　　　　　　　p.116
2. 鶴亀算　　　　　　　　　　　　　　　　　　　p.120
3. 絹盗人算　　　　　　　　　　　　　　　　　　p.124
4. 俵杉算　　　　　　　　　　　　　　　　　　　p.126
5. 入子算　　　　　　　　　　　　　　　　　　　p.130
6. 橋入目算　　　　　　　　　　　　　　　　　　p.132
7. 竹束問題　　　　　　　　　　　　　　　　　　p.134
   コラム❺　習わしによる算法　　　　　　　　　p.136

1. 面積図から逆比を使う

ここでは、一定で変化しない量や数を、面積に置きかえて表す算法です。

● 面積図のつくり方

まずは次をみてください。

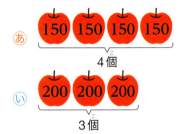

代金 150×4＝600（円）

代金 200×3＝600（円）

どちらの買い方でも代金は同じ

このことを面積図を使い表してみましょう。"面積図"では長方形を置いて、たてと横を、
たての辺…1つのあたりの数
横の辺…いくつ分（個数や人数）
と見立てます。

「たて」×「横」＝「まとめた数（合せた数）」

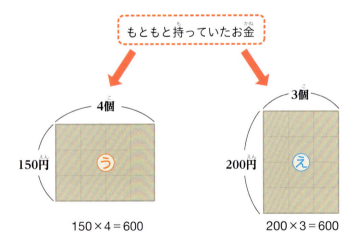

うとえの面積が等しいことがわかる。これは面積をそのままに形を変えたにすぎない。

● 逆比の使い方

次に比にしてみます。

合わせてまとめた数	値段の比	買った個数の比
う	150円 ③	4個 ④
え	200円 ④	3個 ③

う：えで比べると
"値段の比"と
"買った個数の比"は
逆比になっています。

総数や総量が変わらない問題を、面積図こそ残しませんでしたが、江戸時代も同じ考えを使って解いたのです。

問題 66 1784年『算法童子問』より

上酒1樽は銀12匁、下酒1樽は銀9匁の値段です。下酒3樽分の金額では、上酒では何樽買えるでしょうか。

どのような詰め方をしても、代金の合計は変わりません。
9×3＝銀27(匁)

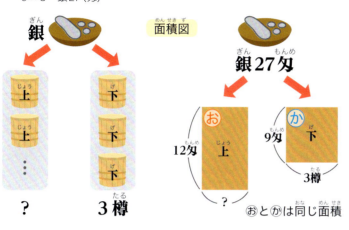

面積図

おとかは同じ面積

逆比を使えばそれぞれの樽の比は、
お：か ＝ 9：12 ＝ 3：4
つまり上酒の樽は
$3 \times \dfrac{3}{4} = \dfrac{9}{4} = 2.25$

27÷12＝2.25

答 上酒2樽2分半

問題 67 1827年『広用算法大全』より

表口42間3尺9寸、裏行75間の広い屋敷があります。同じ大きさの土地で、表口を50間とるには、裏行はどれぐらいにすればよいでしょうか。ただし1間を6尺5寸とします。

※裏行とは奥行のこと。

 長さの計算 1尺＝10寸より、3尺9寸は3.9尺、6尺5寸は6.5尺

3.9尺を"間"の単位にすると、3.9÷6.5＝0.6(間)。
つまり42間3尺9寸は42.6(間)。
すると土地の坪数は、75×42.6＝3195(立坪)
よって＜く＞の裏行は、3195÷50＝63.9(間)
この小数点以下を"尺"の単位にして、
6.5×0.9＝5.85(尺)

答 63間5尺8寸5分
※屋敷の面積はp.39

屋敷の土地

42.6間   50間
75間 き   ？ く

きとくは同じ面積

逆比を使えば、それぞれの裏行は、
き：く ＝ 50：42.6 ＝ 250：213

$75 \times \dfrac{213}{250} = 63.9$(間)

● 面積を組み合わせて考える

次に「1つあたりの数」が明らかでなくて、"その差が分かっている"問題をやってみます。面積の等しい2つの長方形を重ねて、はみ出す面積を比べることがポイントです。

▼ここでの面積図のタイプ

1つあたりの数	いくつ分	合わせた数
たがいの差	○	両者は同じ

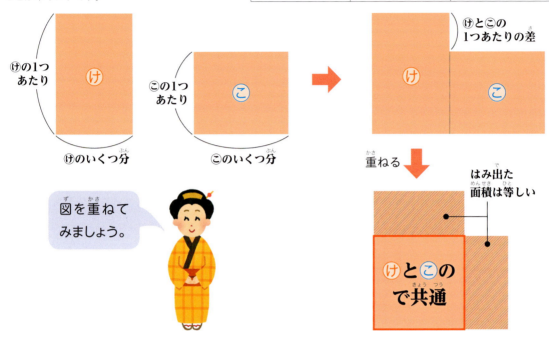

図を重ねてみましょう。

問題 68

1674年『算法闕疑抄』より

「七書講義」16冊分と「太平記」40冊分の値段は同じです。1冊の値段は、「七書講義」が銀1匁3分5厘高いとき、それぞれの1冊の値段はいくらですか。

▼1674年『算法闕疑抄』より

 お金の計算 銀1匁3分5厘は銀1.35匁。

 （本1冊あたりの代金）×（冊数）
＝（合わせた本の代金）

左が「⑤七書講義」、右が「⑥太平記」の面積図です。
合せた値段が等しいから、面積は等しいわけです。

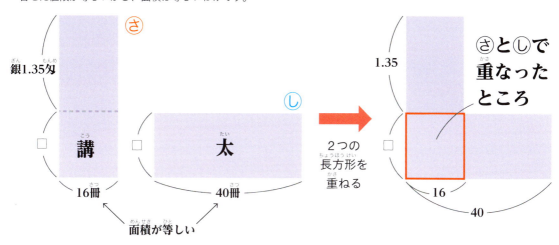

重なりからはみ出た下図の⑨と⑩に注目すれば、もとの⑤と⑥の面積は等しいので、⑨と⑩の面積も等しくなるはずです。

ここで⑨の面積は、
　⑨＝1.35×16＝銀21.6（匁）
なので、⑩の長方形のたての辺□は、
　21.6÷(40−16)＝銀0.9（匁）
これが「太平記」1冊の値段です。
すると、「七書講義」1冊は0.9＋1.35
＝銀2.25（匁）となります。

答 七書講義…銀2匁2分5厘、
　　　太平記…銀9分

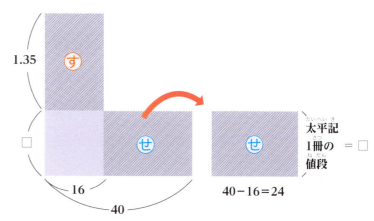

七書講義と太平記の"冊数"と"1冊の値段"が逆比になっているか確かめてみよう。
・冊数
　七書講義：太平記＝16冊：40冊＝2：5
・1冊あたりの値段
　七書講義：太平記＝2.25匁：0.9匁＝225：90＝5：2
このように確かに逆比になっている。

「七書講義」は中国の代表的な7つの兵法書（孫子・呉子・尉繚子・六韜・三略・司馬法・李衛公問対）をまとめ、解説したものです。「太平記」は南北朝時代を舞台にした軍記物語です。当時の武家の教科書だったようです。

2. 鶴亀算

今は鶴亀算と呼ばれていますが、当時の算術本からはその用語をなかなか見つけることができません。おまけに、鶴と亀が多く登場するわけでもなかったようです。

● 2つの長方形をくっつける

今度は総量と「1つあたりの数」の差がわかっているものです。2つの長方形を横にくっつけて、図形のくぼんだところの面積に注目します。

▼ここでの面積図のタイプ

1つあたりの数	いくつ分	合わせた数
○	全部の合計	○

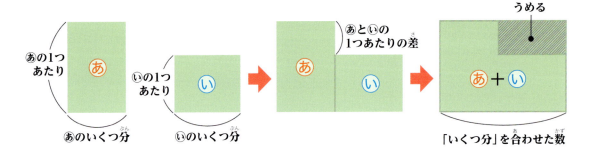

問題 69

1674年『算法闕疑抄』より

雉と兎を合せると60疋います。足の数が合わせて150本のとき、雉と兎はそれぞれ何疋ずつでしょうか。
ただし雉の足は2本、兎は4本です。

▼1674年『算法闕疑抄』より

（1疋の足の数）×（動物の数）
＝（合わせた足の数）

ここでの"1疋"は"1匹"のこと。絹の反物の1疋とは違うんだ。

左に「㋒雉」、右は「㋓兎」の面積図とし、横にならべます。
こうすることで、合わせて60疋の動物の数をまとめて考えることができます。
㋒と㋓の1つあたりの差は2です。

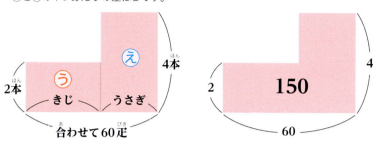

さてここで、もし60疋がすべて兎だったとしましょう。
すると合わせた足の数は、
　　4×60＝240（本）
といえます。
（太枠に囲まれたところ）

すると問題文より、
　　240－150＝90（本）
の足が多いことになります。

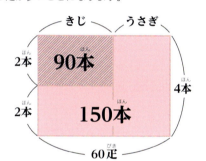

雉と兎の足の本数の差は、
　　4－2＝2（本）

面積図を利用すれば、雉の数は、
　　□＝90÷2＝45（疋）
とわかります。すると兎は、
　　60－45＝15（疋）
答 雉45疋、兎15疋

面積図の色の濃いところは増やした分で、□はきじの数ですね。

『改算智恵車大全』（1792年）も雉と兎です。
合わせて50疋、足の数は122本です。

122　5　面積図を使いこなす算法

前問とは違い「1つあたりの数」が"たがいの差"でしかわかっていない問題です。

▼ここでの面積図のタイプ

1つあたりの数	いくつ分	合わせた数
たがいの差	○	○

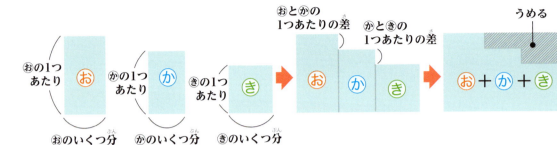

問題 70

1634年『新編塵劫記（63条本）』より

大工には上・中・下と技量により3つのランクがあり、

上大工は540人、中大工は1100人、下大工は860人

ののべ2500人を集め、ある建物を築きます。
その工賃（賃金）は合わせて米100石分で、

**中大工1人分は上大工1人分の工賃より7合少ない
下大工1人分は中大工1人分の工賃より8合少ない**

とします。
このとき、上・中・下それぞれの大工1人が受けとる工賃は、米にしてどれぐらいでしょうか。

 かさの計算　1石＝1000合、1合＝0.001石。100石は100000合。

この当時の賃金は、米だったようだ。
大工といえば江戸時代の花形職業で、職人の中でも高給取りと言われている。

▼1792年『改算智恵車 大全』より

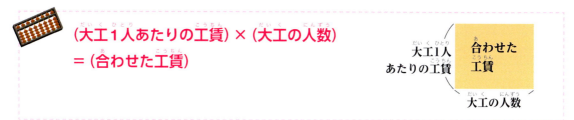

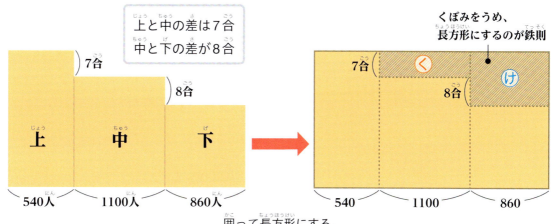

- く = 7 × 1100 = 米 7700（合）
- け =（7 + 8）× 860 = 米 12900（合）

また支払う工賃の合計は米100000合ですから、太枠の長方形全体では、

100000 + く + け = 100000 + 7700 + 12900 = 米 120600（合）

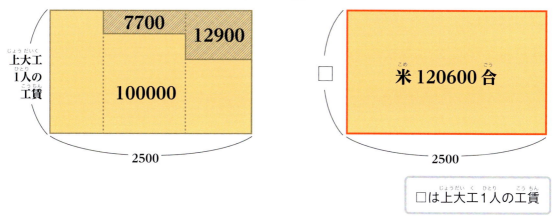

□は上大工1人の工賃

長方形の面積から□は、

120600÷2500 = 48.24（合）

となります。これは上大工1人の工賃です。

このことから、

中大工は、48.24−7 = 41.24（合）
下大工は、48.24−15 = 33.24（合）

答 上大工の工賃4升8合2勺4抄、
中大工の工賃4升1合2勺4抄、
下大工の工賃3升3合2勺4抄

3. 絹盗人算

盗んだ布を盗賊の一味が分け合うという何とも物騒な情景です。そのあまりや不足数から一味の人数を探り当てる、現代でいうところの過不足算です。

●「あまる」や「たりない」を面積図にする

「あまる」や「たりない」も面積図にすれば、よりイメージがわきやすくなります。

▼ここでの面積図のタイプ

1つあたりの数	いくつ分	合わせた数
○	過不足	両者は同じ

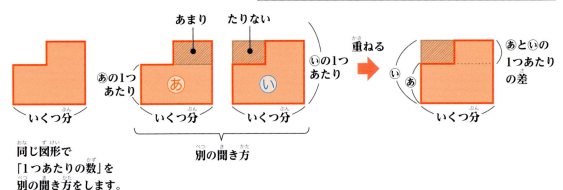

 問題 71　1684年『算法闕疑抄』より

橋の下で盗んだ絹を分けています。聞き耳を立てると、
「1人に8反ずつ分けると、5反不足する」
「1人に7反ずつ分ければ、こんどは10反あまる」
と何やらひそひそと分け前について話し合っているようです。
盗賊は全部で何人いるかわかりますか。

▼1704年『新編塵劫記』より

 （1人分の反物の数）×（人数）＝（合せた反物の数）

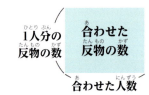

耳にした2つの情報をもらさず面積図にまとめましょう。
"8反ずつ分けると5反不足"が下左図、"7反ずつ分けると10反あまる"が下右図のようになります。実線で囲まれた図形が盗んだ反物の数量を表します。

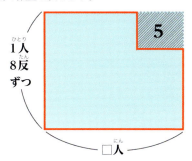
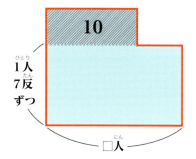

そこでこれらの面積図を重ねあわせます。端数は、
　　10 + 5 = 15（反）
とまとめられます。

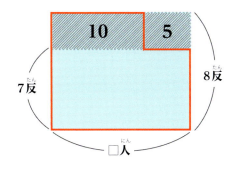

（1人に8反ずつ）−（1人に7反ずつ）
＝（1人に1反ずつ）

さて1人につき、分け前の差は1反です。
このことから、盗賊の数□は、
　　□ = 10 + 5 = 15（人）
なので、盗賊の数は15人とわかります。

答 15人

1659年『改算記』や1743年『勘者御伽雙紙』では、「ぬのぬす人」「布盗人」として布が被害にあっている。このように算術本によって呼び名も異なる。

▼1827年『広用算法大全』より

▼1779年『萬歳塵劫記大成』より

4. 俵杉算

米俵が規則的に積みあがっている様が、杉の木の輪郭にみえることから、このように名付けられたのでしょう。現代では著名な数学者にちなんで"ガウスの和"などとも呼ばれる計算です。

● 積んだ米俵の総数

真正面からみれば、米俵が1つずつ減るように積み上がっています。実にがっしりと安定した形状ですね。この例では全部で10個の米俵がきれいに積まれています。

さてその計算ですが、単に

1 + 2 + 3 + 4 = 10（個）

と、たしていくのかというと、そうではありません。

次のようなやり方が江戸の頃から知られていました。

図1のようにひっくり返したものをもう1つ用意し、図2のようにこれをつなげます。すると平行四辺形ができあがります。そしてこの平行四辺形の底辺は、最下段の4つと最上段の1つを合わせて5つ。積み上がった段数は最下段の数と同じはずだから4段です。

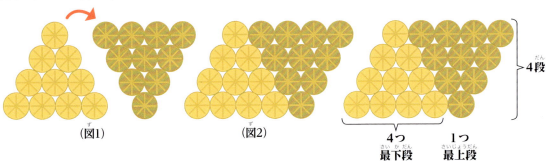

このことから平行四辺形の面積（=「底辺×高さ」）と同じようにして、

(4 + 1) × 4 = 20

となります。ところでこの面積は、最初に与えられた米俵の2倍にあたるので、

(4 + 1) × 4 ÷ 2 = 10（俵）

という計算がなりたちます。

俵杉算ファースト

杉の形に積まれた米俵の総数は、次の式によって求めることができます。

（最下段の俵の数＋1）× 最下段の俵の数 ÷ 2

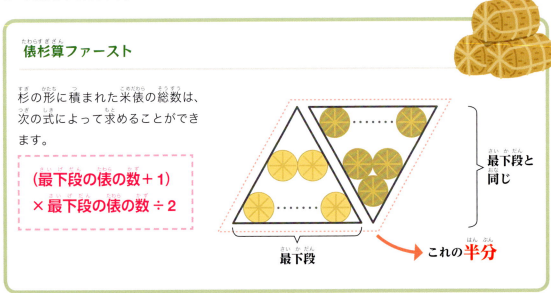

当時の算術本では、必ずといえるほど、この方法が登場し、庶民の間にも浸透していた。これを「俵杉算」という。

 問題 72

1659年『改算記』より

米俵が図のように、最上段に1俵、上から2段目に2俵という順に、下段へいくほど1俵ずつ増えるように積まれています。
いちばん下の段には8俵あります。このとき米俵の数は全部でいくつありますか。

▼1866年『永福改算記』より

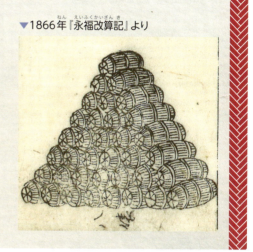

「積み上げた米俵と同じものを用意し、ひっくり返して横に並べる」と説明しましたが、1866年『永福改算記』にはその挿絵が載っています。

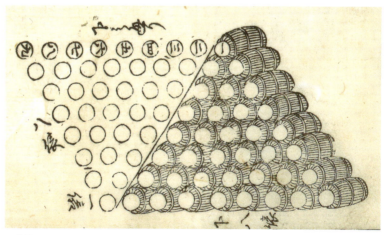

底辺が、8＋1＝9（俵）
になることも分かりやすく図示されていますし、高さも8段であることが書かれています。

> 問題文の米俵は、最上段が1俵、最下段が8俵だから、それを横に並べて9俵。
> 積み上げた高さは、1俵から順に8俵まで増えるのだから8段。最下段と高さの数は同じです。

そこで平行四辺形の面積を求めるように、(8＋1)×8とし、ただしこれはもともとの米俵の2倍の量なので、
　(8＋1)×8÷2＝9×8÷2＝36（俵）

答 36俵

俵杉算セカンド

てっぺんが平らに積まれた米俵の総数は、次の式によって求めることができます。

> （最下段の俵の数＋最上段の俵の数）×（最下段の俵の数－最上段の俵の数＋1）÷2

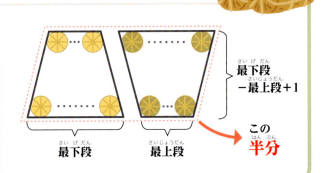

問題 73

1627年『塵劫記(26条本)』より

いちばん上が8俵で、下へいくほど1俵ずつ増え、いちばん下が18俵になるように米俵を積んでいきます。

このとき、米俵は全部でいくつあるでしょうか。

▼『新編塵劫記』より

今度はてっぺんが平らで台形です。形は杉ではありませんが、同じようにイメージを持ちます。積まれた米俵と同じものをもう1つ頭に思い浮かべ、先ほどと同じでひっくり返して横へ置きます。

そこでまず注意するのが高さです。
最上段は8俵、最下段は18俵だから、11段となります。式にすれば、

18－8＋1＝11（段）

と計算します。

もともと18段あって、そこから上の7段を除くと考えることもできるでしょう。

それではいよいよ計算です。

> 18－8＝10（段）
> ではありません。
> 8、9、10、11、…、17、18
> だから11個の数があります。

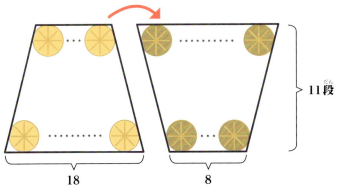

同じ台形を横にくっつけると平行四辺形になる。これは三角形の場合と同じ。

つまり底辺が 18 ＋ 8 ＝ 26（俵）、高さ 11 段の平行四辺形と見立て、ここから先はさきほどと同じ要領で面積を求め、これを 2 でわれば米俵の数が計算されます。

(8 ＋ 18) × 11 ÷ 2 ＝ 143（俵）

答　143 俵

『塵劫記』の流れをくむ算術書は"台形を横につなげる方法"で、それが『改算記』の流れをくむものは"上に三角形をのせる方法"で解説します。算術書をこのような目で見るのもおもしろいところです。

▼1831年『永寳塵劫記大成』より

こちらの酒樽の積み方は米俵とはまた違っています。

さて 1866 年『永福改算記』の挿絵を見てみます。
先ほどとは方法が違って、平らな部分に別に新たな米俵を三角形の形に積んでいます。こうすることで仮に杉の形にしておいて、後にのせたところを取り去り、米俵の数を求めています。

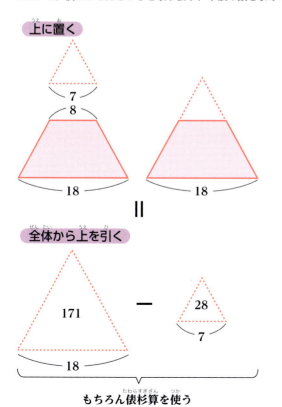

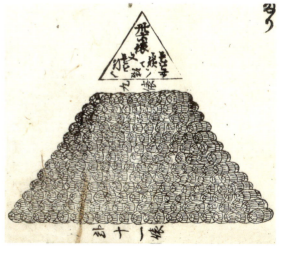

▼1866年『永福改算記』より

5. 入子算

大きな箱や器に、形が同じでそれよりひと回り小さな物を中に順々に詰めたものを"入れ子"といいます。場所をとらない入れ子鍋は、狭かった江戸庶民の住居では、さぞ収納に重宝したことでしょう。

● 規則的な計算には俵杉算

ここで紹介するのは入れ子鍋を使った「入子算」です。計算途中には「俵杉算」が登場します。

▼1827年『広用算法大全』より

問題 74

1631年『新編塵劫記（48条本）』より

7つ入れ子の鍋を銀21匁で買いました。
　大きい順に鍋を並べるとその値段は、銀6分ずつ減っていきます。
　このときいちばん大きい鍋の値段はいくらですか。

お金の計算　銀6分＝銀0.6匁

値段の差となる銀0.6匁1つ分を、下図のようにブロック（＝□）で表しました。

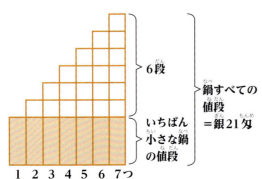

いちばん小さな鍋の金額を○とすれば、次は○＋0.6、その次は○＋0.6×2、…ということ。

いちばん小さな入れ子鍋と比べて、ブロックが1段ずつ規則的に積みあがっています。そしていちばん大きな鍋では、そのブロックは6段積んであることが見てとれます。

全体のブロックの数を「俵杉算ファースト」(p.126参照)により計算すれば、
　(1＋6)×6÷2＝21(個)

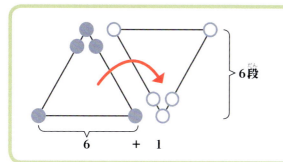

ブロック1つ分は0.6匁だから21個分では、
　21×0.6＝銀12.6(匁)
したがって下図のようになります。

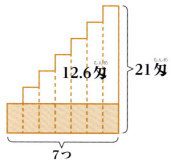

銀21匁を、「白色の部分」と「色の濃い部分」の2つに分けます。

つまり、色の濃い棒7本分の金額は合わせて、
　21−12.6＝銀8.4(匁)
1つ分にすると、
　8.4÷7＝銀1.2(匁)
よっていちばん大きな鍋の値段は、
　1.2＋0.6×6＝銀4.8(匁)

答　銀4匁8分

また、別に次のように考えることもできます。
ちょうど真ん中の大きさの鍋に注目します。
この鍋の金額は、右図の□だから、図のような長方形にすると、
　21÷7＝銀3(匁)
ここに銀0.6匁を3つ分加え、
　3＋0.6×3＝銀4.8(匁)
とすることもできます。

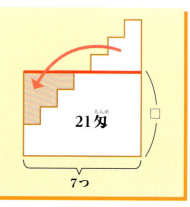

6. 橋入目算

ここでも「俵杉算」を利用します。橋の大がかりな修繕です。

● 一定のものに注目し、俵杉算を利用する

当時は近くの村どうしが助け合い、公共事業を受け請っていたのです。

問題 75

1631年『新編塵劫記（48条本）』より

川にかかる2つの橋の修理をします。その費用は銀7貫が必要で、近くの町に負担してもらうことにしました。

2つの橋の間には4町あり、橋の外には北に3町、南に7町の合わせて14町あって、費用の負担額は次のようです。

まず橋の間の4町は同額で最も多く、橋の外側の町ではそれより1町離れるごとに、銀貨1枚分（銀43匁）ずつ少なくします。

では、2つの橋の間の町は、それぞれいくらずつ負担することになるでしょうか。

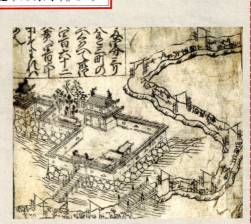

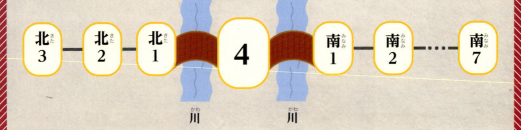

お金の計算　銀7貫＝銀7000匁

橋の間の4町が最も負担額が大きく、それより銀貨1枚分少ないのが「北1」「南1」の2つの町です。次が「北2」と「南2」、その次が「北3」と「南3」です。そして最も少ないのが「南7」でこの町を基準としましょう。

負担する金額を図解すると、次のようになります。

太枠のところを合せた金額が銀7000匁です。橋の間にある町は、いちばん少ない町より銀貨7枚分が多くなっています。そこでまずあといの銀貨の枚数を計算してみます。

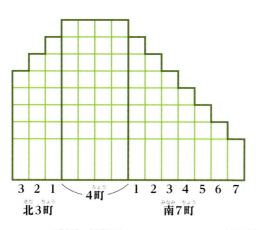 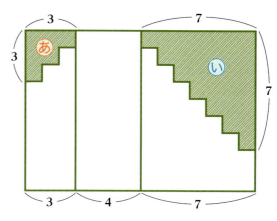

あやいは規則的な階段状になっていますから、「俵杉算ファースト」(p.126)を利用します。
あ＝(3＋1)×3÷2＝6
い＝(7＋1)×7÷2＝28

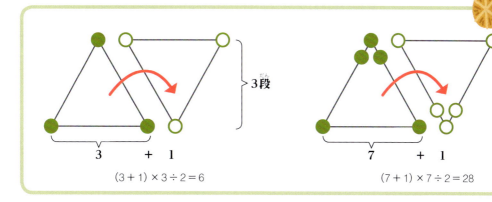

このことから、へこみを合せた銀貨の枚数は、
6＋28＝銀貨34（枚）
金額にすれば、
43×34＝銀1462（匁）

すると長方形全体の金額は、
7000＋1462＝銀8462（匁）
となって、橋の間の1町の負担額は、
8462÷14＝銀604$\frac{3}{7}$（匁）
となります。

答 銀604$\frac{3}{7}$（匁）

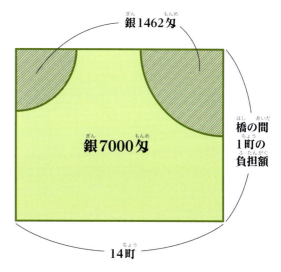

1631年『新編塵劫記（48条本）』は、おおよそ銀604匁4分3厘としてるよ。

7. 竹束問題

束ねた竹の周囲の数を数えて、そこから竹の総数を知ろうとする問題です。古くは平安の頃の公家の教科書『口遊（970年）』にも載っていたという、長い歴史を感じる題材です。面積図のテーマからは離れますが、おもしろい問題なのでやってみてください。

● 規則をみつけよう

ここでも「俵杉算」が活躍します。

問題 76 　1674年『算法闕疑抄』より

図のように竹を円形に束ねます。周囲の竹が全部で18本あるとき、竹の数は全部で何本あるでしょうか。

※まず真ん中に中心とする1本を据えます。あとはグルッと周囲に竹を巻くことをイメージしてください

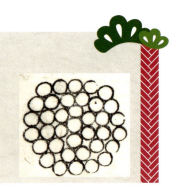

図解すれば以下のようになっています。

（図1）　　　（図2）

中心とする1本を◎印で表しました。その周りに1巻きしたのが図1です。全部で6本の竹が巻かれていることがわかるでしょう。

その周りにさらに巻いたのが図2です。ここでは12本あることがわかります。

すると巻かれる竹の数は、内側から順に次のようになっていると推測できます。

中心の1本→6本→12本→…

このことから、次は18本であることが想像できて、問題と合います。つまり答えは、

1＋6＋12＋18＝37（本）

となります。

六角形がどんどん広がっていくイメージよ。

1684年『算法闕疑抄』には、左図のようなアイディアが挿絵として示されているぞ。

つまり、中心の1本◎を除いたあと、全体を均等に6つのブロックに分けています。

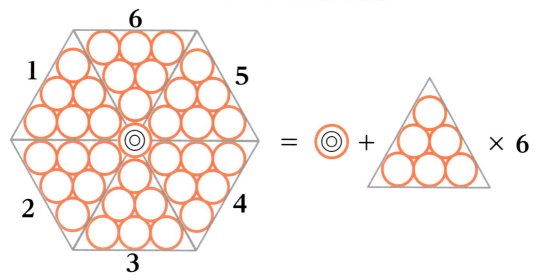

1つのブロックの竹の本数をみれば、そこは階段状になっていて、「俵杉算ファースト」(p.126)が使えます。

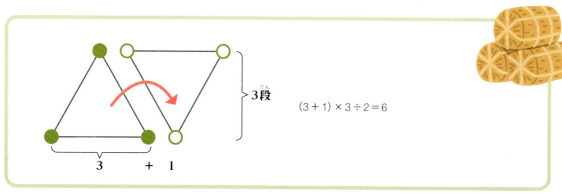

$(3+1) \times 3 \div 2 = 6$

なので、合せた竹の本数は、
$1 + 6 \times 6 = 37$（本）
と計算されます。

答 37本

先ほど数えた答えと見事同じになったね。

5 面積図を使いこなす算法

コラム ⑤ 習わしによる算法

ここでは、江戸時代の慣習が元になる一風変わったものを取り上げます。

 問題 77　1743年『勘者御伽雙紙』より

釜で1升5合のご飯を炊くとき、どれぐらいの水が必要でしょうか。

まず1升5合は1.5升です。そこで式をみると、

(1.5 × 9 + 2) ÷ 8 = 1.9375　　**答** 1升9合3勺7抄5

もし、炊く米の量を□とするとき、

水の量 = (□ × 9 + 2) ÷ 8

というのがどうやら公式のようです。

これでおいしいご飯が出来上がるかというと、どうもそうではないようです。もっとも大事なのは"火の加減"であると、次のことわざが紹介されています。

「初めちょろちょろ中くわっくわ。親はしぬれどふた取るな。」

初めは弱火、その後強火に切りかえて炊きあげ、何があってもふたを取らずに蒸らす。というのが調理のコツのようです。

 問題 78　1784年『算法童子問』より

木綿1反は銀7匁です。1尺につきいくらでしょうか。
ただし1反は2丈6尺(26尺)とします。

ここでの算法は、次のようです。

7 ÷ 25 = 0.28　　**答** 銀2分8厘(銀0.28匁)

注目するのは、わる数が26ではなく25ということです。

それは布を切る手間がかかるから、手数料として1尺分をとり損をしないようにとの理由だそうです。これを「切こみ料」といいます。

すなわち小切れにして売れば全部で0.28 × 26 = 7.28(匁)だから、1反で売るより銀0.28匁だけ多く手にできるのです。

 問題 79　1784年『算法童子問』より

長さ9間、幅(かた)2間、深さ1間の舟に積める量はどれぐらいでしょうか。

9 × 2 × 1 = 18

これを10倍して、

18 × 10 = 180 (石)　　**答** 180石

長さ × 幅 × 深さ × 10　これが公式のようです。

6 両替の計算

1. 銭の売買 p.138
2. 小判両替 p.142
コラム⑥ いろいろと考えるかさの計算 p.144

6 両替の計算

1. 銭の売買

当時、貨幣の換金の計算は生活に欠かせないもののひとつでした（p.57）。ここでは銭をあつかいますが、注意するのは省銭のしくみです。

● 計算は正味でする

p.53へ今一度立ち戻り確認してから、次の問題をやってみましょう。

◆復習◆

見かけ銭200文の買い物ならば、"銭ざし2本分"だから、実際には、
96×2＝銭192文
しか払っていません。
4×2＝8（文）分をまけてもらっているのと同じことです。

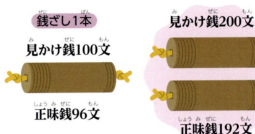
銭ざし1本　　見かけ銭200文
見かけ銭100文
正味銭96文　　正味銭192文

では問題です。見かけの数と実際の数（正味）を区別しながら進めましょう。

問題80

両替屋さんへ寄りました。

> 1627年『塵劫記（26条本）』より

(い) 銭1貫文の相場が銀16匁のとき、銀1匁について銭何文でしょうか。

> 1659年『改算記』より

(ろ) 銀1匁につき銭50文の相場のとき、銭1貫文では銀何匁でしょうか。

 お金の計算 銭1貫文＝銭1000文

見かけ銭1000文
　→　正味銭960文

※問題文で100文以上は"見かけの数"です。答えるのも"見かけの数"にします。
また、相場とは交換レートのことです。

見かけ銭1000文 ＝正味銭960文

(い)「1000÷16」ではありません。
　　銭1000文は見かけの数であって、"銭ざし10本分"です。
　　すると正味、96×10＝銭960文です。
　　これが実際の金額です。

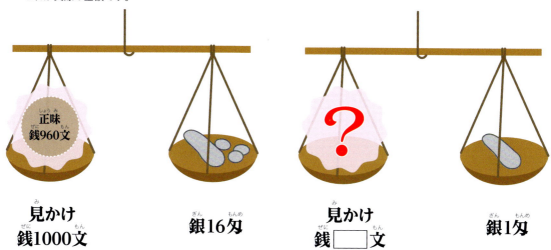

見かけ
銭1000文

銀16匁

見かけ
銭☐文

銀1匁

　　これより、銀1匁あたりの正味は、
　　　☐＝960÷16＝銭60文
　　銭60文は100文未満なので見かけも正味も同じでこれが答です。
　　答 銭60文

(ろ) こちらも「1000÷50」ではありません。
　　また銭50文は100文未満だから、見かけも正味も同じです。

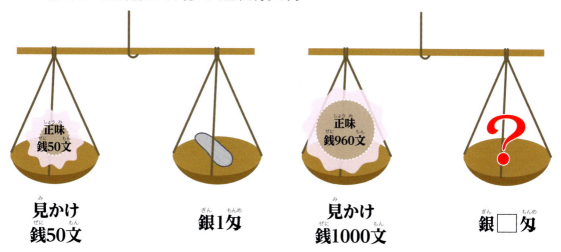

見かけ
銭50文

銀1匁

見かけ
銭1000文

銀☐匁

　　正味どうしで計算して、960÷50＝銀19.2（匁）
　　答 銀19匁2分

計算はすべて正味
でやろう。

140 6 両替の計算

問題 81

1627年『塵劫記（26条本）』より

(い) 銭1貫文の相場が銀16匁のとき、銀75匁について銭何文でしょうか。
(ろ) 銭1貫文の相場が銀18匁のとき、銭4貫324文では銀何匁でしょうか。

お金の計算 銭1貫文＝銭1000文、銭4貫324文＝銭4324文

(い) 同じく"省銭"に注意しましょう。見かけ銭1000文は、正味銭960文です。

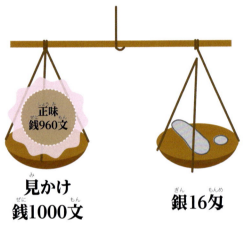

見かけ
銭1000文　　銀16匁

見かけ
銭□文　　銀75匁

すると銀75匁あたりの正味は、

$$960 \times \frac{75}{16} = 銭4500（文）$$

そこで正味銭4500文の見かけの数を見ていきます。
大事なのは、"銭ざしの本数"と"それ以外"に分けることです。

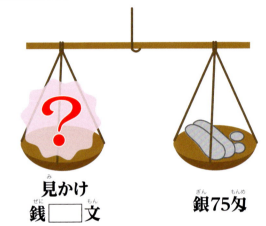

銭ざしは、96文で1本だから、

$$4500 \div 96 = 46.875$$

として、正味銭4500文の中に、銭ざし46本が含まれることがわかります。

$$96 \times 46 = 4416$$

だから、それ以外には、

$$4500 - 4416 = 84（文）です。$$

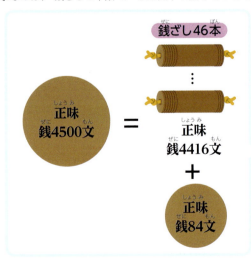

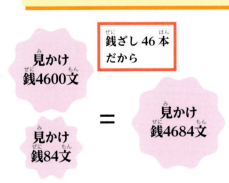

見かけの数は"銭ざし46本"が銭4600（文）、それと正味銭84文は見かけも銭84文だから、
　4600 ＋ 84 ＝ 銭4684（文）

答 銭4684文

（ろ）銭4324文は見かけの数で、「銭ざし」と「それ以外」に分けます。

$4324 = 4300 + 24$

銭4300文は"銭ざし43本"で、正味96×43＝銭4128（文）です。
また見かけ銭24文はそのままです。

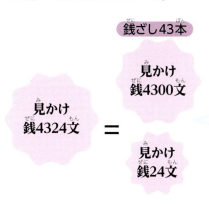

すると合わせると、
$4128 + 24 = $ 正味銭4152（文）

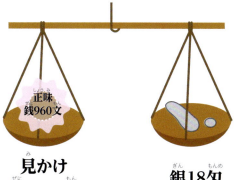

こうして、

$$18 \times \frac{4152}{960} = 銀 77.85 （匁）$$

答 銀77匁8分5厘

両替屋の様子

▼1792年『改算智恵車大全』より

奥のてんびんで量っている銀貨と、手前の人の手元に置かれた"銭ざし"を替えたのでしょうね。

2. 小判両替

小判とは金貨のことです (p.50)。ここでは、小判 (金貨) と銀貨の両替をあつかいます。

● 金貨の計算

p.50にもあるように、小判の貨幣単位は、
小判1両＝小判4分＝小判16朱、
小判1朱＝小判 $\frac{1}{4}$ 分 (0.25分) ＝
小判 $\frac{1}{16}$ 両 (0.0625両)

それでは金と銀の両替の問題をやってみましょう。

問題82 1784年『算法童子問』より

銀3貫500匁では小判58両1分に両替でき、さらに銀5匁が余ります。このとき小判1両の相場は銀何匁でしょうか。

 お金の計算 銀3貫500匁＝銀3500匁

銀3500匁のうち銀5匁が余るので、
3500−5＝銀3495 (匁)
を小判へ両替します。
　ここで小判58両1分は、小判58.1両ではありません。
1分は0.25両なので、小判58.25両です。

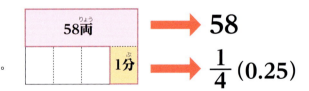

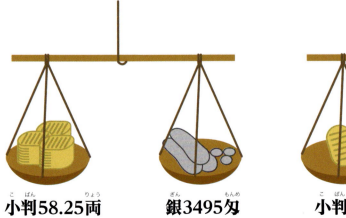

したがって、小判1両あたりの相場は、
3495÷58.25＝銀60 (匁)

答 銀60匁

問題 83

1659年『改算記』より

小判1両につき銀64匁の相場です。
銀351匁6分8厘ではどれぐらいになるでしょうか。

 お金の計算 銀351匁6分8厘＝銀351.68匁

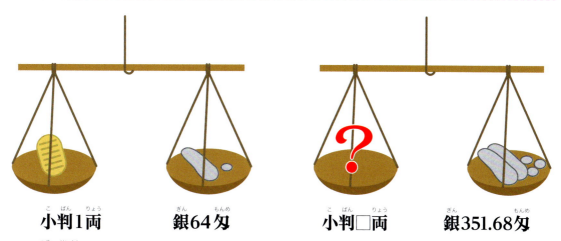

小判1両　銀64匁　小判□両　銀351.68匁

まず次の計算をします。
351.68 ÷ 64 ＝ 小判 5.495（両）

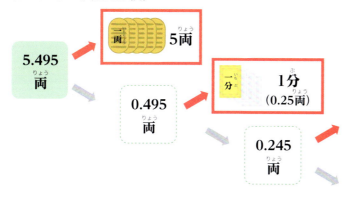

残った0.0575両は小判へ両替できませんから、こちらは銀貨へ戻します。
64 × 0.0575 ＝ 銀3.68匁

答 小判5両1分3朱に銀3匁6分8厘が残る

別の方法も紹介します。
すべてを1朱金へ両替します。
こうすればどれだけの金貨が必要かわかります。
5.495 ÷ 0.0625 ＝ 87.92（枚）より、1朱金なら87枚です。
これを順ぐりに1分金や小判へと交換します。

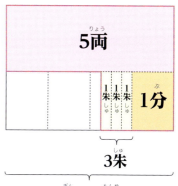

コラム ⑥ いろいろと考えるかさの計算

問題84 1716年『算法大全指南車』より

たて6丁、横5丁の広さの村に、1日に降った雨の量をもとめます。

箱を準備し、1日でそこに溜まる水の量を調べます。もしそれが深さ5寸まで溜まり、村のどの場所でも同じ量の雨が降ったとしましょう。
すると村全体に降った雨の量は次のように計算されます。
1丁＝60間、1間を6尺5寸とすると、
たて…6丁＝6×60×65＝23400（寸）、横…5丁＝5×60×65＝19500（寸）
よって、23400×19500×5＝2281500000（立方寸）
ところで1升はp.44にあるように、64.827立方寸だったから、
　2281500000÷64.827≒35193669.3…（升）　∴　約35万1936石6斗9升3

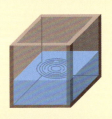 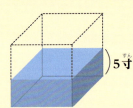 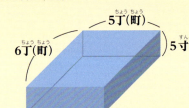

問題85 1827年『広用算法大全』より

1立坪の蔵に入る米俵は62俵。

1間×1間×1間の大きさが1立坪です（p.42）。

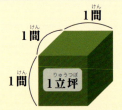

積み方がおもしろく、その合計は62俵です。

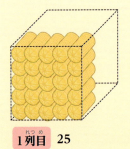 ＋ 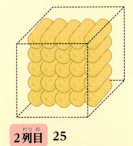 ＋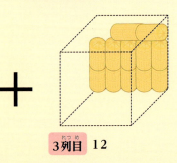

1列目 25　　　　2列目 25　　　　3列目 12

ただし1627年『塵劫記（26条本）』には、1立坪に入る米の量は36石とあります。どうもうまく計算が合いません…。

7 図形の絡む算法

1. 畳敷きの問題 p.146
2. 屏風に金箔を貼る p.148
3. 拡大や縮小から面積の比や体積の比を求める ... p.150
4. 拡大や縮小を利用して距離や高さを知る p.154
 コラム❼ 江戸時代の知恵 p.160

1. 畳敷きの問題

図形の問題は、江戸時代の実生活の知恵が詰まったものばかりです。

● 長方形の組み合わせ

問題 86　1655年『新編諸算記』より

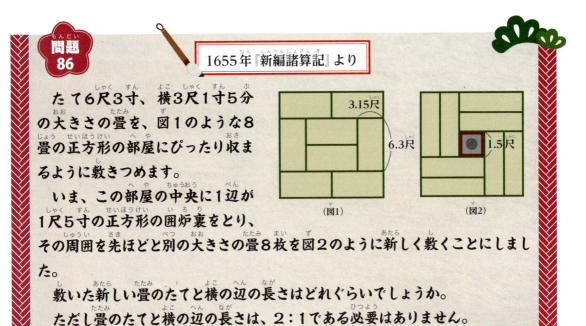

たて6尺3寸、横3尺1寸5分の大きさの畳を、図1のような8畳の正方形の部屋にぴったり収まるように敷きつめます。

いま、この部屋の中央に1辺が1尺5寸の正方形の囲炉裏をとり、その周囲を先ほどと別の大きさの畳8枚を図2のように新しく敷くことにしました。

敷いた新しい畳のたてと横の辺の長さはどれぐらいでしょうか。

ただし畳のたてと横の辺の長さは、2：1である必要はありません。

長さの計算　1尺＝10寸＝100分、0.01尺＝0.1寸＝1分より、
6尺3寸＝6.3尺、3尺1寸5分＝3.15尺、1尺5寸＝1.5尺

まず8畳の正方形の部屋(図1)の1辺の長さは、
　6.3×2＝12.6（尺）
さて囲炉裏はこの部屋の中央にあるので、その中心と部屋の中心は同じ位置にあるはずです。そこで中心を通る線によって部屋を4分割すれば、部屋の四すみからこの線への距離は、
　12.6÷2＝6.3（尺）　（図3）

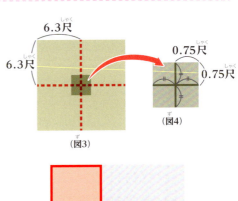

囲炉裏は、図4のように中心を通る線から、上下左右に0.75尺はみ出た大きさであることがわかります。

部屋の新しい畳の敷かれる部分を図5のような4つのブロックに分けたうえで、赤枠で囲った左上の長方形に注目します。

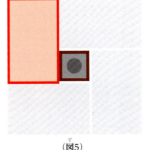

（図5）

そこで図5へ図3を重ねます。すると図5の赤枠の長方形の辺は、部屋の中心を通る線からいくらかはみ出たり、引っ込んでいます。

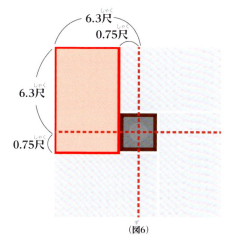

(図6)

赤枠の長方形の辺の長さは、
　赤枠の長い辺…6.3 + 0.75 = 7.05（尺）
　赤枠の短い辺…6.3 − 0.75 = 5.55（尺）
畳の短い辺は、
　5.55 ÷ 2 = 2.775（尺）

答　新しい畳の長い辺…7尺5分
　　新しい畳の短い辺…2尺7寸7分5厘

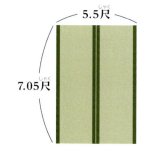

畳の広さはp.41にありますが、問題文にある畳の大きさ（長い辺が6尺3寸）も京間と呼ばれました。
それが真ん中に囲炉裏を据えることで、新しい畳はずいぶんと細長く変形されてしまいました。規格外でしょうか。

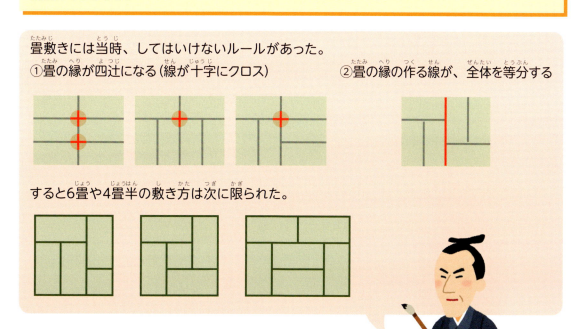

2. 屏風に金箔を貼る

この問題は、当時多くの算術書で取り上げられました。

● 長方形を囲む面積

ここでは中に空洞のある図形の面積を求めます。
例えば右図をみてください。色の濃いⓐのところの面積を出すには、
- まず全体からⓤをのぞき、太枠で囲まれた図形（ⓐ＋ⓘ）を残す
- 次に太枠の図形からⓘをのぞけば、ⓐのみが残る

という手順で求めるとよいでしょう。つまり次のようにします。

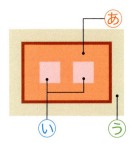

 ⓐ＝（全体－ⓤ）－ⓘ＝全体－（ⓘ＋ⓤ）

もちろん右図のように、図形をどこか1つの隅に集めて寄せてしまってもよいでしょう。こちらは計算ミスの予防にもなります。

問題 87

1631年『新編塵劫記（48条本）』より

高さ6尺、幅が2尺の大きさを6扇（6枚）つなげた屏風があります。
この周囲を2寸2分の太さで縁どりしたのち、6扇すべてにたて3尺8寸、横1尺5寸の大きさの押絵を貼ることにしました。
いま、1辺が4寸の正方形の金箔を細かくし、屏風の残った部分に貼ってうめることにしました。
金箔は何枚あれば足りるでしょうか。

※押絵…人物や花鳥などの図案を綿で立体感を出し、それをきれいなきれで包み、板などに貼りつける。

▼1792年『改算智恵車大全』より

 長さの計算 1尺＝10寸＝100分、0.01尺＝0.1寸＝1分より、
2寸2分＝0.22尺、3尺8寸＝3.8尺、1尺5寸＝1.5尺、4寸＝0.4尺

6枚を広げるものを6曲の屏風というの。押絵に金箔とは、それにしても豪華絢爛ですね。

6扇を広げ、図示すれば下記のようになります。金箔をあ、押絵をいへ貼ります。この問題で必要なのはあのところです。

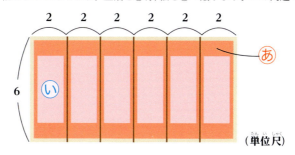

まずは周囲の縁をのぞきます。太枠で囲まれた図形が上の（あ＋い）です。この面積は、

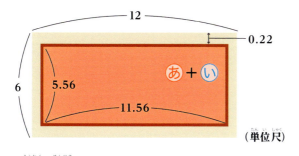

▼『世法塵劫記智玉筌』より

太枠の面積＝（6－0.22×2）×（2×6－0.22×2）
　　　　　＝5.56×11.56＝64.2736

次にここから、たて3.8尺、横1.5尺の押絵（い）6枚をのぞいた面積は、

あの面積＝64.2736－3.8×1.5×6＝30.0736
さてこれをうめるには、1辺0.4尺の正方形が何枚必要でしょうか。
　30.0736÷（0.4×0.4）＝187.96（枚）
つまり187枚ではたりないので、188枚必要です。

答 金箔188枚

原文には「4寸四方」とあり、"四方"とは正方形を指す。

この問題、右図のように押絵い、金箔あ、縁うを隅に寄せてまとめて計算することもできます。

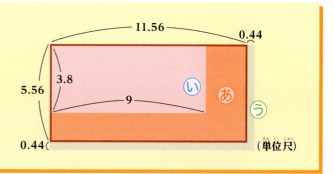

3. 拡大や縮小から面積の比や体積の比を求める

ここからは、図形の拡大や縮小について考えます。

● 面積の場合

あといの長方形を比べます。

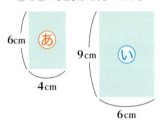

長方形いは長方形あを拡大したものです。
・周の長さあ … 6×2＋4×2＝20（cm）
　　　　　い … 9×2＋6×2＝30（cm）
・面積あ … 6×4＝24（cm²）
　　　い … 9×6＝54（cm²）

周の長さの比は、
あ：い＝20：30＝2：3
面積の比は、
あ：い＝24：54＝4：9

つまり拡大や縮小の関係にある2つの図形について、

大きさの比　〇：●
周の長さの比　〇×2＋□×2：●×2＋■×2
面積の比　〇×□：●×■

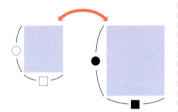

問題 88

1659年『改算記』より

長さをそろえたくさんの柴を、縄でくくり束ねます。そこで1束を2尺5寸の縄でくくると、柴は全部で360束になります。次に同じ柴を今度は1束を3尺の縄でくくれば、柴は全部で何束になるでしょうか。

▼1束（これが360束ある）

2尺5寸

 長さの計算 1尺＝10寸、0.1尺＝1寸より、2尺5寸は25寸、3尺は30寸。

束ねた柴は挿絵にもあるように、周の長さが25寸の円筒形と考えると分かりやすいでしょう。いま、これが360束あるわけです。

周が25寸の柴1束をう、周が30寸のものをえとします。

うとえの断面図は、それぞれ右図のようであって、これを円とみなします。

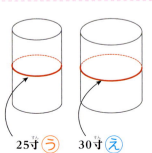

25寸　う　30寸　え

うの断面

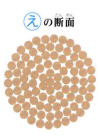
えの断面

さてここで、束ねられた柴の本数について考えてみましょう。わかりやすい例として、断面が正方形の角柱を束ねたと置き換えれば、㋔の例では4本、㋕が9本が束ねられています。
ここで本数が表している数字は、周の長さではなく面積です。
これは材木のような角柱でも、柴を束ねた円筒形でも考え方は同じですから、今回の問では㋒と㋓の断面積がポイントとなっていることがわかります。

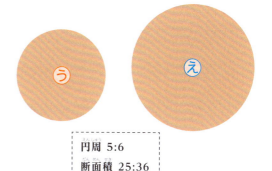

周は 2×4：3×4＝2：3
面積は 2×2：3×3＝4：9

本数の比＝断面積の比

さて問題文で周の長さの比は、
　㋒：㋓＝25：30＝5：6（＝大きさの比）
すると断面積は、
　㋒：㋓＝5×5：6×6＝25：36
となります。
そこで㋒の1束の本数を ㉕ とすれば、㋓の1束は ㊱
このことから、㋒が360束集まれば、合せた本数は、
　㉕ ×360＝9000（本）
すると㋓1束あたりの本数は、
　9000÷ ㊱ ＝250（束）
となって、周を3尺の縄でくくった柴の束の数です。

円周　5：6
断面積　25：36

答 250束

▼1831年『算法稽古図会大成』より

長さの比 5：6、面積の比
5×5：6×6＝25：36

逆比

振り返ってみると、㋒と㋓の断面積は、
　㋒の断面積：㋓の断面積
　＝（周の長さ25）×（周の長さ25）：（周の長さ30）×（周の長さ30）
　＝625：900＝25：36
一方、㋒と㋓の束の数は、
　㋒の束：㋓の束＝360：200＝36：25
と、このように逆比になっています。
これは縄の長さが2尺5寸と3尺に限ったことではなく、どのような長さであっても成り立っています。

● 体積や容積の場合

続けては体積や容積です。こちらでも同じように考えることができます。

直方体きと直方体くの大きさの比は、

1：3

体積は、

き…3×2×1＝6
く…9×6×3＝162

体積の比は、

き：く＝6：162＝1：27

これより、拡大と縮小の関係にある立体において、

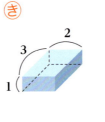
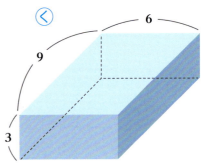

大きさの比 ○：●、体積の比 ○×□×△：●×■×▲

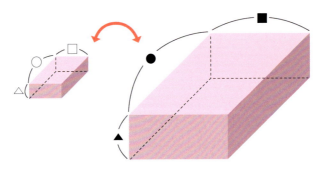

問題 89

1622年『諸勘分物』より

5寸角長さ5間の材木が80本あります。これと体積が同じになるように、4寸角長さ4間の材木に置きかえるとすると、何本が必要でしょうか。

○寸角長さ△間の材木とは、下図のように○寸の長さの正方形を底面とし、長さが△間の長さの直方体の形の材木です。

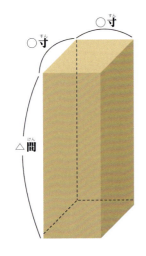

▼1792年『改算智恵車大全』より

問題を図にすれば次のようになります。

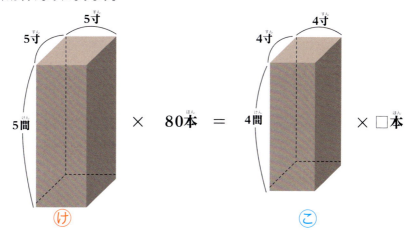

材木けと材木こはたがいに、拡大と縮小の関係にあります。
長さを比べれば、1辺の長さは5寸と4寸、および5間と4間になっているので、大きさの比はけ：こ＝5：4
このときの1本分の体積の比を利用することにします。

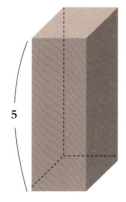
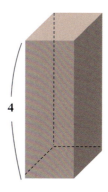

大きさの比5：4

材木けと材木この体積の比は、
5×5×5：4×4×4＝⑫125：⑭64
なので、
材木けの全体量を
⑫125×80＝10000
とすれば、
材木こは、
10000÷⑭64＝156.25（本）
ここで半端の材木0.25本を、$\frac{1}{4}$の長さの材木とします。

4間の$\frac{1}{4}$は1間です。

答 156本と1間分

また次のように考えることもできます。
材木けと材木この1本分の体積の比は125：64だから、
材木こは材木けの本数を$\frac{125}{64}$倍すればよいことになります。

$80 \times \frac{125}{64} = 156.25$（本）

1本分の体積の比は、125：64
材木の本数の比は、80：156.25＝64：125
こちらでも**逆比**が成り立っています。

4. 拡大や縮小を利用して距離や高さを知る

ここからは三角形の拡大や縮小です。今回は、ものさしや縄では届かない、遠くはなれた場所までの長さを測ってみます。

● 拡大や縮小の関係

※各辺の長さの比は、○：□：△のままです。

問題 90

1627年『塵劫記（26条本）』より

遠くはなれたところに身長5尺の人が立っています。鉄尺に長さ2尺1寸7分の糸をつけて、糸のはしを口にくわえます。ものさしを持った腕を真っ直ぐに伸ばし、遠くに立っているひとの身長を測ると8厘の長さに見えました。
さて、測る人と遠くに立っている人との距離はどれぐらいでしょうか。

※鉄尺…鉄製のものさし

▼1857年『算法早割大全』より

 長さの計算 1尺＝10寸＝100分＝1000厘、
0.001尺＝0.01寸＝0.1分＝1厘より、
2尺1寸7分＝2.17尺、8厘＝0.008尺

2人の位置関係

さて上の挿絵を図式化しました。

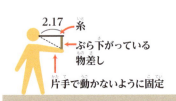

（単位：尺）

測定者の眼、鉄尺、くわえた糸をつないだものが下図の色をつけた三角形です。その先にいるのが身長5尺の人物です。

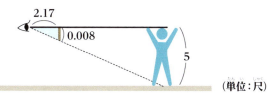

▼1704年『新編塵劫記』より

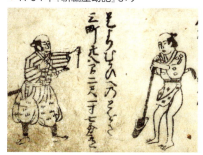

そして測定者の眼、遠くの人の頭のてっぺん、足元の地面を結んだものが太線で囲んだ三角形で、□の長さが2人をへだてる距離です。

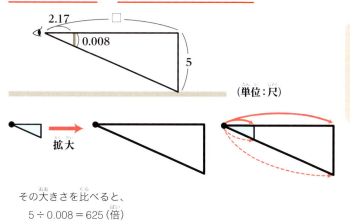

"色のついた三角形を、眼の位置を中心として拡大する"と、"太線の三角形になる"というのがこの問題の設定。

その大きさを比べると、
5÷0.008＝625（倍）

0.008と5、2.17と□を"対応する辺"といいます。

つまり右の三角形は、左の三角形を625倍に拡大したもの。
　□＝2.17×625＝1356.25（尺）
これが、測定者と遠くの人との距離です。

この問題は、□の辺と5の辺が直角になっているという設定ですね。

1356.25尺＝(390×3＋6.5×28＋4.25) 尺
　　　　＝3町＋28間＋4.25尺
　　　　＝3町28間4尺2寸5分

答 3町28間4尺2寸5分

6尺5寸＝1間、60間＝1町とすれば、1町＝60間＝390尺

江戸時代の身長と視力

人の背丈は5尺ですから、こちらは約151cmです。当時の人たちの身長を知る手がかりにもなります。また、2人のへだたりは約411mとなります。この距離で目測できるのですから、当時の人はよほど目がよかったのでしょう。

7 図形の絡む算法

問題 91

1684年『算法闕疑抄』より

図のように、遠くの樹の根までの距離を測ります。そこで1辺が6尺の正方形の板を用意すれば、目線と樹の根を一直線で結んだ線は、板の上から3寸のところを通るそうです。人から樹までの距離はどれぐらいでしょうか。

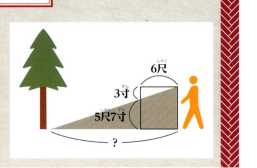

 長さの計算 1尺＝10寸、0.1尺＝1寸より、
3寸＝0.3尺、5尺7寸＝5.7尺。

"色をつけた三角形"と"太線で囲んだ三角形"の2つに注目します。これらは拡大と縮小の関係にあり、●印の点がその中心です。

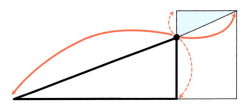

寸法を入れてまとめます。

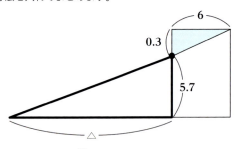

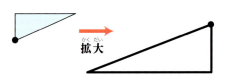

5.7 ÷ 0.3 = 19（倍）
つまり左の三角形は、右の三角形を19倍したものです。

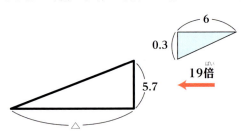

△ = 6 × 19 = 114（尺）
よって距離は次のようになります。
114 ＋ 6 ＝ 120（尺）

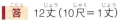 **答** 12丈（10尺＝1丈）

また次の図式で測ってもよいとあります。

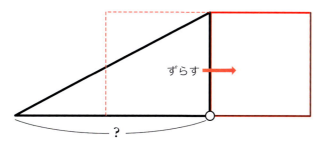

こちらでも"色のついた三角形"と"太線の三角形"は拡大と縮小の関係にあります。

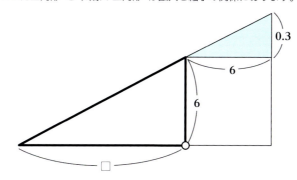

0.3と6、6と□は"対応する辺"ね。

$6 ÷ 0.3 = 20（倍）$
$□ = 6 × 20 = 120（尺）$

▶1820年『萬徳塵劫記商売鑑』より

長さが違う2本の棒を立てる
このような測り方もあった。

目測の心得

さてここで1684年『算法闕疑抄』に、目測をする際の心得があるので紹介します。

「算術に間違いはなくとも、見え違いということがある。
そのため自分1人の目測で決めてはならない。
万が一、見え違いが原因であっても、算術が下手だと疑われてしまう。必ず念を入れ、それ場に居合わせた人にも見てもらい、10人のうち6人が同じように見えて4人が違っていたとしたら、多い方で測ること。もし10人が10人ともバラバラならばその平均をとるとよい。」

とのアドバイスが書かれています。このことは、争いごとを好まない江戸時代ならではの解決方法です。

7 図形の絡む算法

問題 92

1627年『塵劫記（26条本）』より

正方形の鼻紙を対角線で半分に折って直角二等辺三角形を作り、直角の角に小石をつり下げます。

この紙を目の位置でかかげながら、斜辺の延長の先に木の頂点がくる場所まで移動します。するとこの場所は木の根元から7間はなれたところでした。

さてこの木は、自分の目の高さより何間高いでしょうか。

※直角三角形の斜辺とは、直角の向かい側にある最も長い辺のことです。

▼1866年『改算記大成』

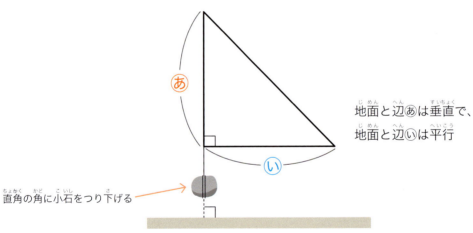

地面と辺あは垂直で、地面と辺いは平行

直角の角に小石をつり下げる

鼻紙をもった観測者が地点Aに立っていて、ここからながめて木の高さを測ろうという位置関係です。

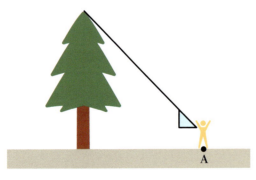
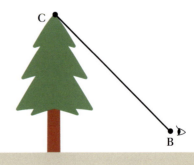

問題文に"斜辺の延長の先に木の頂点がある"と書かれています。左上図で色をつけた図形が直角三角形の鼻紙で、点Bが観測者の目の位置、木の頂点がCです。

点線は、色をつけた図形（直角三角形の鼻紙）をそのままの形で、点Bから広がるように拡大したものです。

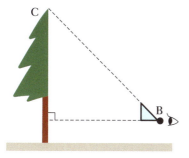

点Bと木の頂点Cを結んだ線上に、正方形を折った鼻紙の折り目が重なるね。

すると太線の図形も直角二等辺三角形になっています。

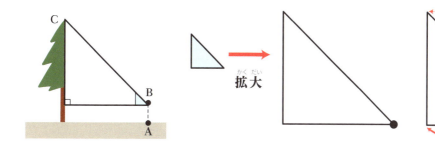

つまり下図のように、求めるのは木の頂点から目の位置までの高さ（長さ）ですから、□の長さです。
直角二等辺三角形の直角をはさむ2つの辺の長さは等しく、□＝7間です。

答 7間

今でいうと14mほどだからかなり大きな木ね。

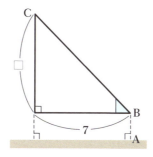
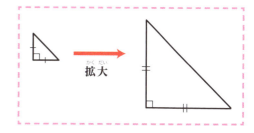

そま人（木こり）の測り方

▼『新編塵劫記』より

右は『新編塵劫記』の挿絵です。
問題のような測り方（左側の人物）の他に、股を直角に開き、木の先と腰と頭が一直線になるようにのぞきこんで測る方法（右側の人物）もあったようです。
その上で地面と45°になる場所まで移動します。"そま人（木こり）"はこうするそうです。

コラム ❼ 江戸時代の知恵

多くの算術書に次のことがのっています。まさに江戸時代の知恵です。

1．人の体積の量り方

桶いっぱいに水を溜め、そこに人が入ります。すると人の体積の分だけ桶から水がこぼれて減ります。

そこでいっぱいになるまで水を継ぎたせば、こぼれた分がわかります。

1659年『改算記』には、その量が2斗2升5合とあります。これはだいたい40ℓですから、40kgぐらいの体重ということです。

▼1866年『改算記大成』より

2．象の重さを量る

大きな船に象をのせます。そこで船がどれだけ沈んだか、船体に海面の印をつけておきます。

次に象を船から降ろし、代わりに荷物を積みます。

先ほどの印のところまで船が沈めば、象の重さがわかります。

▼1866年『改算記大成』より

3．正五角形の作り方

1743年『勘者御伽雙紙』には、細い紙の細工がのっています。
図のように折れば正五角形ができあがります。

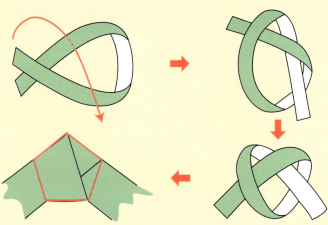

8 江戸の算術パズル

1. 百五減算 ————————————————————— p.162
2. 薬師算 ————————————————————————— p.164
3. 三角錐垜 ———————————————————————— p.166
4. 四角錐垜 ———————————————————————— p.168
5. 油分け算 ———————————————————————— p.170
6. 円法 ———————————————————————————— p.172
7. 開平法と開立法 ————————————————— p.176

8 江戸の算術パズル

1. 百五減算

ここでは、数を当てるとてもおもしろい数字のパズルを紹介します。最後に105をひくことから、百五減算と呼ばれます。

百五減算とは

7でわったあまりをあ、5でわったあまりをい、3でわったあまりをうとします。
あ×3×5＋い×3×7＋う×2×5×7＝あ×15＋い×21＋う×70
と計算して、ここからひけるだけ105をひけば答になります。

問題93

1631年『新編塵劫記（48条本）』より

105より小さい数があります。
この数から、7をひけるだけひくと2あまります。またこの数は、5をひけるだけひくと1あまります。さらに3をひけるだけひくと2あまります。
さてその数はいくつでしょうか。

＜『新編塵劫記（48条本）』の解法＞
1 7ずつひいたあまり2を15倍して…30
2 5ずつひいたあまり1を21倍して…21
3 3ずつひいたあまり2を70倍して…140
ここですべて加えて、30＋21＋140＝191
この191から105をひけるだけひいて、
191－105＝86　　答 86

3は70倍なんだ。

なぜこうすると答えが出るのでしょうか。
そこで、105より小さなある数を□として線分図を描きます。

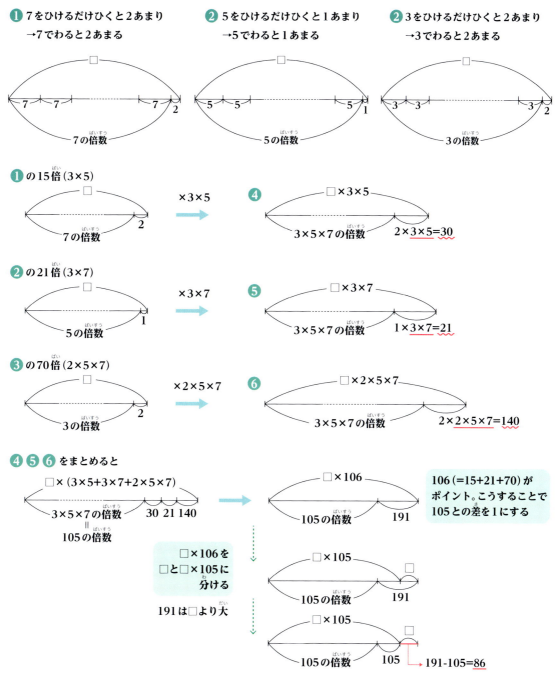

このように86が残り、これを答えとします。

途中で出てくる□×106がポイントです。105（3、5、7の最小公倍数）との差が1だからです。

1743年『勘者御伽雙紙』には、もっとシンプルな"六三減算"があります。
7ずつひいたあまり、9ずつひいたあまりを置いて、7のあまりに4×9、9のあまりに4×7をし加え、□×64（4×9＋4×7）とします。一方、7と9の最小公倍数は63で、64と63で1の差ができるのがポイントです。また同じ書に"三百十五減算"もあり、こちらは5、7、9を使います。

2. 薬師算

数当て問題をもうひとつ。こちらも興味ある命名です。

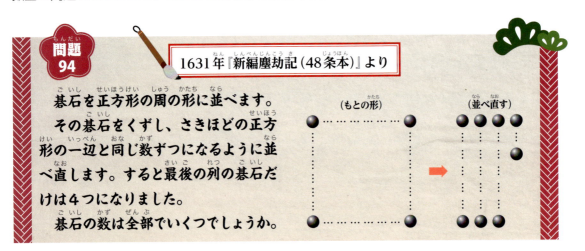

問題94 1631年『新編塵劫記（48条本）』より

碁石を正方形の周の形に並べます。その碁石をくずし、さきほどの正方形の一辺と同じ数ずつになるように並べ直します。すると最後の列の碁石だけは4つになりました。

碁石の数は全部でいくつでしょうか。

<『新編塵劫記（48条本）』の解法>
最後の列の碁石4つに4をかけ 4×4＝16（個）。これに12を加えて、
16＋12＝28（個）　　答 28個

どうしてこうなるのでしょうか。

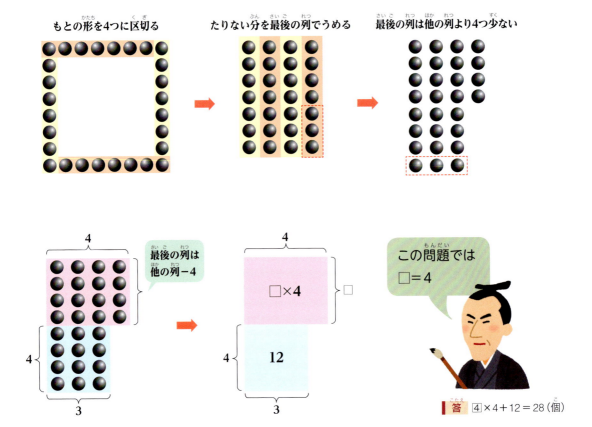

答 ④×4＋12＝28（個）

薬師算とは

最後の列の個数を4倍し、
12を加えると全体の個数となります。

12という数字は、薬師如来にゆかりの深い数字なんだって。これが命名の由来なんだろうね。

正三角形や正五角形といった、正方形でない算法もあります。次に正三角形を紹介します。

問題95

1743年『勘者御伽雙紙』より

碁石を正三角形の周の形に並べます。その碁石をくずし、さきほどの正三角形の一辺と同じ数ずつになるように並べ直すと、最後の列の碁石だけは5つになりました。碁石の数は全部でいくつでしょうか。

（もとの形）　（並べ直す）

＜『勘者御伽雙紙』の解法＞
あまった5に3をかけ5×3＝15（個）。これに6を加えて、15＋6＝21（個）

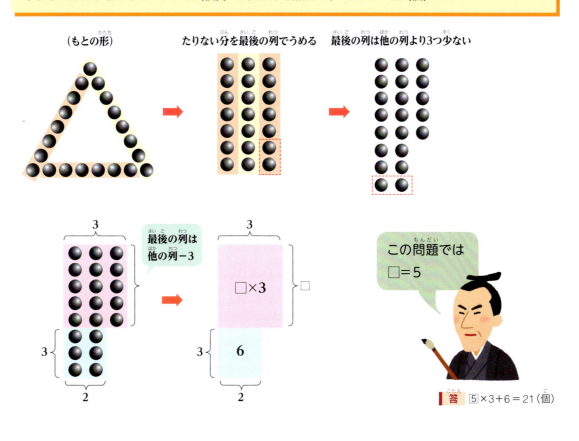

この問題では □＝5

答 ⑤×3＋6＝21（個）

166　8　江戸の算術パズル

3. 三角錐垜

三角錐垜という名称を初めて聞いたことでしょう。今は使われることがないようです。
"垜"には、きちんと積み上げるという意味が含まれていて、つまり三角すいの形になるように積み上げたものです。各段の球を正三角形に組みます。

1684年『算法闕疑抄』より

図のように球を6段積み上げた三角錐垜があります。この三角錐垜には、最上段に1個、2段目に3個、3段目に6個の球があります。
　さて、球は全部でいくつあるでしょうか。

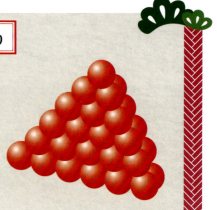

球の数を調べていきます。

最上段は1個
2段目は1つ上の段から2つ増えて、1＋2＝3（個）
3段目は1つ上の段から3つ増えて、3＋3＝6（個）
4段目は1つ上の段から4つ増えて、6＋4＝10（個）
5段目は1つ上の段から5つ増えて、10＋5＝15（個）
6段目は1つ上の段から6つ増えて、15＋6＝21（個）

これらの数を"三角数"というんだ。三角形の山からイメージわくよね。

これらを全部加えるのがこの問いです。

 ＋ ＋ ＋ ……… ＋

最上段　　2段目　　3段目　　　　　　　6段目
　1　＋　3　＋　6　＋ ……… ＋　21

全部を順に加えていくのは計算が大変です。そこで江戸時代には、公式のようなものがありました。
簡単な例として、3段の三角錐垜で試してみます。

同じ三角錐垜が3つあったとして、仮に3つの球の合計を計算します。

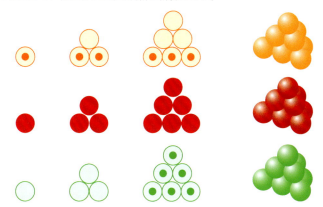

これらを整頓して並べかえたのが下の図です。

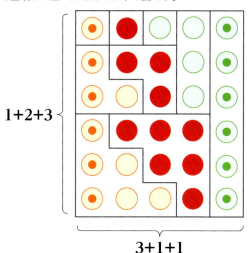

◉と◉は同じ数だけあります。
だから長方形にきっちり収まります。

この長方形全体は、三角錐垜3つ分の球の合計を表すので、三角錐垜1つ分の球の数は、

(1＋2＋3) × (3＋1＋1) ÷ 3 ＝ 10 (個)。

すると公式 (江戸時代の人は"術"と言った) は次のように作れます。

 あ 長方形のたての辺
  1から始まり、数が1つずつ増えるので、合せた数は俵杉算 (p.126) により計算できます。
  その数は、□段のときの□×(□＋1)×$\frac{1}{2}$ です。

 い 長方形の横の辺
  □段のとき、2増えて (上図の🔴と◉)、□＋2です。

□段の三角錐垜の球の数は、長方形の面積を3でわり、

□×(□＋1)×(□＋2)×$\frac{1}{2}$×$\frac{1}{3}$

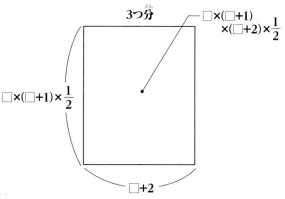

□段の三角錐垜の球の個数

□×(□＋1)×(□＋2)×$\frac{1}{6}$

4. 四角錐垜

続いては四角すいの形に積み上げます。各段の球を正方形になるように組みます。
各段の球の数を"四角数（平方数）"といいます。

問題 97　1684年『算法闕疑抄』より

図のように球を6段積み上げた四角錐垜があります。この四角錐垜には、最上段は1個、2段目は4個、3段目は9個、…の球があります。
さて、球は全部でいくつあるでしょうか。

同じく、球の数を調べていきます。

最上段は1個
2段目は1つ上の段から、1辺につき1つ増えて、2×2＝4（個）
3段目は1つ上の段から、1辺につき1つ増えて、3×3＝9（個）
4段目は1つ上の段から、1辺につき1つ増えて、4×4＝16（個）
5段目は1つ上の段から、1辺につき1つ増えて、5×5＝25（個）
6段目は1つ上の段から、1辺につき1つ増えて、6×6＝36（個）

これらを合わせた数を求めますが、こちらもただ順にたすわけではありません。

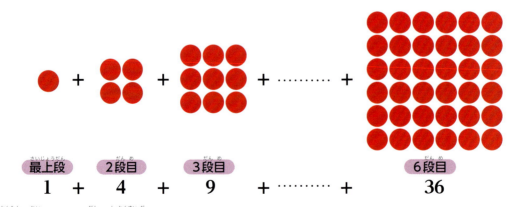

最上段　2段目　3段目　　　　6段目
　1　＋　4　＋　9　＋………＋　36

簡単な例として、4段の四角錐垜でやってみます。

上から順に、1、4、9、16個の球が積んであります。同じものを3つ用意します。

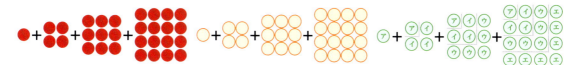

これら3つを合せた数を計算するのに、次のような長方形の面積を利用します。

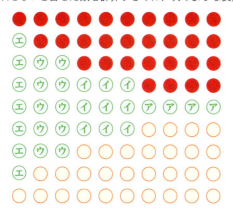
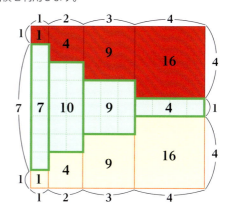

こうして長方形の面積は、四角錐垜3つ分の球なので、

$(1+2+3+4) \times (4+1+4) \div 3 = 30$（個）

となります。

公式を作ります。

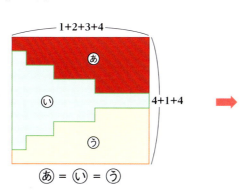
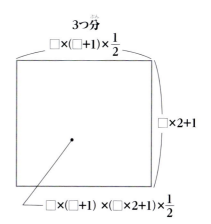

長方形のたての辺は、□段のとき、□が2つ分とすきまの1があって、□×2+1です。
長方形の横の辺は、1から始まり、数が1つずつ増えるので、合わせた数は俵杉算(p.126)により計算します。□段のときの合計は、$□ \times (□+1) \times \frac{1}{2}$ です。

□段の四角錐垜の球の数は、長方形の面積を3でわり、$□ \times (□+1) \times (□ \times 2+1) \times \frac{1}{2} \times \frac{1}{3}$ となります。

□段の四角錐垜の球の個数

$□ \times (□+1) \times (□ \times 2+1) \times \dfrac{1}{6}$

5. 油分け算

こちらも江戸時代より今に伝わる有名な問題です。

問題 98　1631年『新編塵劫記(48条本)』より

桶に油が1斗入っています。
7升入りと3升入りの2つの桝を使って、油を5升ずつに分けようと思います。
どのようにしたらいいでしょうか。

▼1779年『萬歳塵劫記大成』より

 かさの計算　1斗は10升。

ただやみくもに油を入れ替えなくてもすむような、何かうまい方法を考えなければなりません。
さてこの問いでは、グラフを使います。
問題を解くには、3つの入れ物とグラフの対応を理解しなければなりません。簡単な例として、10升桶の油を7升桝へ移し、7升桝の油を3升桝へ移すとどうなるかを見てみましょう。

1斗(10升)の桶　7升の桝　3升の桝

最大10升なので、正三角形の各辺が10の目盛りで分けられています。

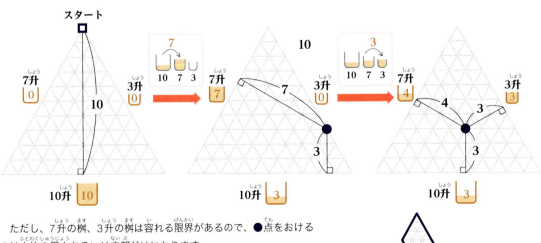

ただし、7升の桝、3升の桝は容れる限界があるので、●点をおけるのは太枠の周上あるいは内部だけになります。

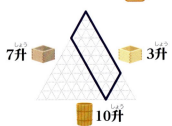

では『新編塵劫記(48条本)』に載っている分け方をみていきます。

(1斗の樽、7升の桝、3升の桝) = (10、0、0)
1斗樽から3升桝へ移す (7、0、3)、
3升桝から7升桝へ移す (7、3、0)、
1斗樽から3升桝へ移す (4、3、3)、
3升桝から7升桝へ移す (4、6、0)、
1斗樽から3升桝へ移す (1、6、3)、
3升桝から入るだけ7升桝へ移す (1、7、2)、
7升桝から1斗樽へ戻す (8、0、2)、
3升桝の分を7升桝へ移す (8、2、0)、
1斗樽から3升桝へ移す (5、2、3)、
3升桝から7升桝へ移し、5升ずつに分けられた (5、5、0)

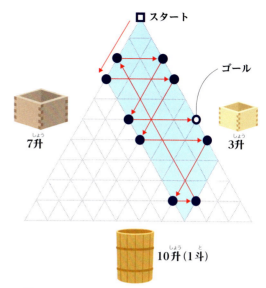

●点がこのように、太枠の周上に置かれ、入れ替えるたびに動いていくことがわかるでしょう。ところでグラフを使えば、もっと少ない手順で油を分ける方法を発見できます。

(1斗の樽、7升の桝、3升の桝) = (10、0、0)
1斗樽から7升桝へ移す (3、7、0)、
7升桝から3升桝へ移す (3、4、3)、
3升桝から1斗樽へ戻す (6、4、0)、
7升桝から3升桝へ移す (6、1、3)、
3升桝から1斗樽へ戻す (9、1、0)、
7升桝から3升桝へ移す (9、0、1)、
1斗樽から7升桝へ移す (2、7、1)、
7升桝から入るだけ3升桝へ移す (2、5、3)、
3升桝から1斗樽へ戻す = (5、5、0)

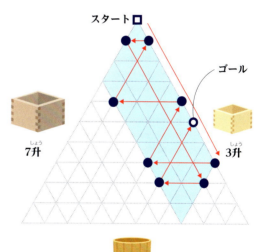

▼1704年『新編塵劫記』より

残念ながら、当時どうやったかは残されていない。

6. 円法

ここでは円周や円の面積の話です。江戸時代の円周率もでてきます。

● 円の面積の求め方①

円周の長さの出しかたは江戸時代も同じ、
　　円周＝直径×円周率　　（直径＝円周÷円周率）
でしたが、面積はどうでしょうか。

 ❶ 面積＝半径×半径×円周率

慣れたこのやり方が江戸時代は違っていました。円積率という言葉を用いて、

 ❷ 面積＝直径×直径×円積率

このように計算しました。なじみのない円積率とは次のような数です。

 円積率＝円周率÷4

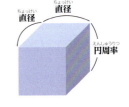

では❶と❷を比べてみます。右のような特別な直方体を準備し確かめてみます。
❶や❷の式が直方体のどの部分を指し示しているか、その図形をともに太線で囲ってみました。❶は真上から見て直方体を十文字に分けていて、一方の❷は横に薄く4等分にスライスされています。するとどうでしょう。結局❶も❷も直方体の体積の $\frac{1}{4}$ ということですから、同じ量を示していることになります。

さらに次のような式もあります。

 ❸ 面積＝円周×（円周÷円周率÷4）

これを直方体に書き入れれば、太線で囲まれた図形になるので※、やはり直方体の体積の $\frac{1}{4}$ で同じく等しくなります。

つまり❶❷❸のどれを使っても、同じ計算結果になるといえます。
（※❸のピンクの面は、"直径×円周率"で"円周"を表します。また"円周÷円周率"は"直径"の辺です。）

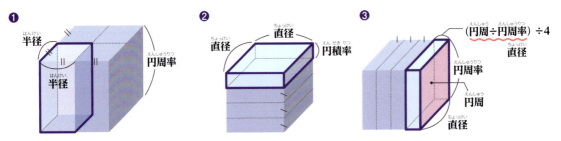

さて、ここから問題をいくつか紹介しますが、皆さんも江戸時代の方法❷もやってみるといいですよ。

173

問題 99

1627年『塵劫記（26条本）』より

(い) 差し渡し（直径）が15間の円形の土地の面積はいくつでしょうか。
　　ただし円廻法（円周率）3.16、円法（円積率）0.79 とします。

(ろ) 周りの長さが47間2尺6寸の円形の土地の面積はいくらでしょうか。
　　ただし円廻法（円周率）3.16、円法（円積率0.79）とします。

※ここでの面積の単位は段、畝、歩です。

かさの計算　1間は6尺5寸とする。

この当時の円周率が3.16であったことを知る興味深い内容です。1622年の『割算書』や、同じく1622年の『諸勘分物』もそうだったので、3.16は当時のスタンダードだったのでしょう。

（い）の円の面積
❷ 直径 × 直径 × 円積率

（ろ）の円の面積
❸ 円周 × (円周 ÷ 円周率 ÷ 4)

(い) 図にすれば右のようになります。
　江戸時代の方法によれば、上の❷から、
　　15 × 15 × 0.79 = 177.75（歩）
　ここで、30歩は1畝だから、
　　177.75 = 30 × 5 + 27 + 0.75 = 5畝27.75歩となります。
　答 5畝27歩7分5厘

今なら半径15 ÷ 2 = 7.5を出して、7.5 × 7.5 × 3.16 = 177.75と計算するでしょう。

(ろ) 同じく図にすれば右のようになります。
　2尺6寸 = 2.6尺。これを間にするには、2.6 ÷ 6.5 = 0.4間。
　47間2尺6寸 = 47.4間
　今度は❸を使えば、
　　47.4 × (47.4 ÷ 3.16 ÷ 4) = 177.57（歩）
　30歩で1畝だから、
　答 5畝27歩7分5厘

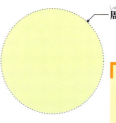

今なら47.4 ÷ 3.16 = 15と、まずは直径を求めるでしょう。
半径は15 ÷ 2 = 7.5です。

● 円の面積の求め方②

　当時の算術本には右のような図があります。これは円の面積の求め方を示しています。
　円を32等分し、白と黒を順に交互にぬります。いまそれを向きが互い違いになるように並べかえると、限りなく平行四辺形に近い図形になります。（ピザを細く切って試してみてください）
　これを平行四辺形とみなせば、

円の面積＝平行四辺形の面積

▼1831年『永福改算記』より

と置きかわるといえます。
　みなした平行四辺形からこの面積を計算します。16枚の黒のおうぎ形を集め、その周をつなげると円周の半分となります。16枚の白のおうぎ形でももちろん同じです。そしてこの平行四辺形の高さは円の半径になりますから、

❹ 面積＝円周÷2×半径

 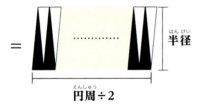 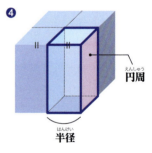

　先ほどの直方体より説明すれば、色のついた面は円周の半分を表していて、これに半径をかければ、やはり直方体の $\frac{1}{4}$ になります。
　つまり円の面積は、❶、❷、❸、❹の4通りで表せるわけです。
　続いての問題です。

問題100

1704年『新編塵劫記』より

　屋敷のまわりに田畑があります。内側の周の長さが84間、外側の周の長さは120間の円形であって、2つの幅は6間です。このとき田畑の面積はどれぐらいでしょうか。
　ただし円周率は3とし、面積の単位は段、畝、歩としてください。

求める田畑の面積は、下図の色のついたところです。

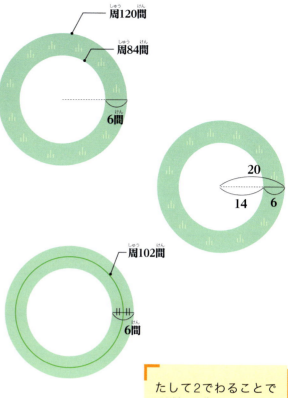

"直径＝円周÷円周率"で、円周率は3だから、
"半径＝円周÷3÷2"
内側の円の半径…84÷3÷2＝14
外側の円の半径…120÷3÷2＝20

すると面積は"❶面積＝半径×半径×円周率"より、
　　20×20×3－14×14×3＝612（歩）
となります。（1辺が1間の正方形の土地の面積は1歩）

さて、『新編塵劫記』ではどうだったのでしょうか。
内側の円周と外側の円周の平均は、
　　(84＋120)÷2＝102（間）
これに6間の幅をかけて、
　　102×6＝612（歩）

ここで30歩が1畝、10畝で1反だから、
　　612＝30×20＋12＝20畝12歩＝2反12歩（10畝＝1反）

答　2反12歩

たして2でわることで"平均"を出しています。

上の解法は、"面積＝円周の平均×幅"というものでした。どうしてでしょうか？
下図のようにドーナツ型を細く割って、白黒を交互にぬります。それを互い違いになるように並べかえると、先ほどの円のときと同じようにやはり平行四辺形とみなせます。そこでドーナツの内側と外側の円周の平均を□とすると、

 ドーナツ型の面積＝平行四辺形の面積＝□×半径の差

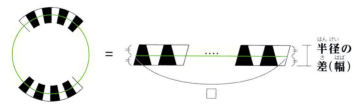

となるので、こうして『新編塵劫記』の方法が示されたわけです。
とてもうまいやり方です。

▼1834年『算法出世寶』より

7. 開平法と開立法

今でいう「平方根」や「立方根」は、江戸時代はどう計算したのでしょうか。

● 開平法

問題 101

1627年『塵劫記（26条本）』より

面積が15129坪の正方形の1辺の長さを求めます。

p.39にあるように1辺が1間の正方形の面積が1坪です。ここからは分かりやすくするために、単位を省略して話を進めます。

まずこの正方形の中から、○を<u>100の倍数</u>とした、できるだけ大きな正方形を取りさります。○＝100とすれば、残りは、

　　15129 − 100 × 100 = 5129…㋐

このようになります。
　最初に取りさる正方形の1辺は、常に100の倍数というわけではありません。1辺がもっと大きな1000の倍数以上の正方形がその中に入っていれば、大きなものから優先的に取りさります。

㋐ 5129

さて残った㋐で今度はここから、□が<u>10の倍数</u>で最も大きくなるようにします。ここでは□＝20とし、
　㋑＝100 × 20 = 2000、㋒＝20 × 20 = 400、㋓＝100 × 20 = 2000ですから、
　㋔＝5129 −（㋑＋㋒＋㋓）= 729
とできます。

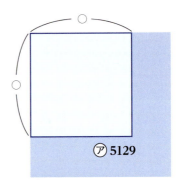

> □を30にしてしまうと㋑＝100 × 30 = 3000、㋒＝30 × 30 = 900、㋓＝100 × 30 = 3000ですから、㋑＋㋒＋㋓＝6900となります。5129よりも大きくなるので20が最も大きい10の倍数になります。

そして最後に残った㋔から、△を最も大きくとります。
　ここで△＝3とすれば、㋕＝120 × 3 = 360、
　㋖＝3 × 3 = 9、㋗＝120 × 3 = 360だから、
　㋔＝㋕＋㋖＋㋗＝360 + 9 + 360 = 729
となってぴったりです。
　すなわち面積が15129坪の正方形の1辺の長さは、○＋□＋△＝100 + 20 + 3 = 123（間）です。
　実際に、123 × 123 = 15129だから正しいことがわかります。

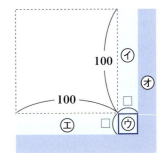

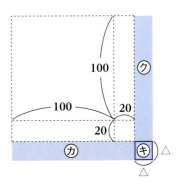

● 開立法

問題102

1627年『塵劫記(26条本)』より

体積が1728立坪の立方体の1辺の長さを求めます。

p.42にあるように1辺が1間の立方体の体積が1立坪です。

○は100の倍数では大きすぎるので、10の倍数で考えます。○＝10とします。
残った㋐は、

㋐＝1728−10×10×10＝728

となります。

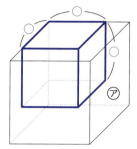

次に残った立体㋐を、右図のように分割します。この立体は4つのパーツ立方体㋑、直方体㋒、直方体㋓、直方体㋔からできています。

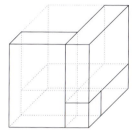

そこで立方体㋑の1辺の長さ□を、これが最も大きくなるようにとります。

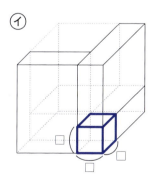
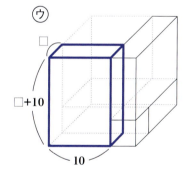

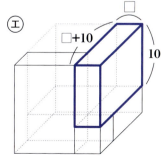
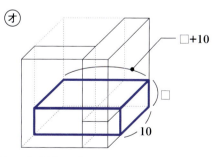

そこで□＝2とすれば、㋑＝2×2×2＝8、直方体㋒＝直方体㋓＝直方体㋔＝12×10×2＝240だから、8＋240×3＝728となり、

㋐＝㋑＋㋒＋㋓＋㋔

とぴったりです。

このことから体積が1728立坪の立方体の1辺の長さは、○＋□＝10＋2＝12(間)といえます。12×12×12＝1728だから、正しいこともわかります。

付録 算術問題 & 難易度INDEX

本書で登場した102問のさまざまな算術問題と難易度の一覧です。本書で紹介した算術問題は、実は8段階の難易度に分かれています。順番に解くのもよし、難易度順に解くのもよし、ぜひチャレンジしてみてください。

1章 数や計算を知る

問	問題	難易度	ページ
1. 江戸時代の数字を知ろう			
1	江戸時代は次の数をどのように書いたでしょうか。江戸の庶民になったつもりで答えてください。 (い) 25　(ろ) 201　(は) 1020	★☆☆☆☆☆☆☆ Lv.1	10
2	次の計算を、算用数字で答えてください。 (い) 拾五と廿一を加えます。 (ろ) 二拾壱に十弐を加えます。 (は) 卅二から弐十をひき、拾壱を加えます。	★☆☆☆☆☆☆☆ Lv.1	10
2. 江戸時代の大きな数			
3	1784年『算法童子問』より 9つの世界があり、世界に9つの海があり、海に9つの山があり、山に9つの谷があり、谷に9つの国があり、国に9つの郡があり、郡に9つの村があり、村に9つの家がある。家に芥子1粒があるとして、芥子は全部で何粒でしょうか。	★★★☆☆☆☆☆ Lv.3	12
4	1631年『新編塵劫記(48条本)』より 999の海辺それぞれに999羽のカラスがいます。いま、それぞれのカラスが999回ずつ鳴くとします。鳴く声は全部で何回聞こえたでしょうか。	★★★☆☆☆☆☆ Lv.3	13
5	1組のねずみの夫婦が、正月に12匹の子を産みました。この合せた14匹が7組の夫婦となって、2月に12匹ずつの子を産みねずみの数は合わせて98匹になりました。さらにまた49組の夫婦となり、3月に同じく12匹ずつの子を産みます。このように毎月同じように12月まで子を産むとすると、12月の終わりにはねずみは全部で何匹になっているでしょうか。	★★★★★★★★ Lv.8	13
6	芥子の実1粒を毎日2倍にしていくと、120日目には何粒になりますか。	★★★★★☆☆☆ Lv.5	15
3. 江戸時代の小さな数			
7	3060匁を375に分けると、1つあたりはいくらになるでしょうか。	★★☆☆☆☆☆☆ Lv.2	17
8	次は江戸時代に実際に使われた数です。算用数字の小数で書いてみましょう。 (い) 三つと壱分四厘　(ろ) 十二と五分半　(は) 壱厘二三	★☆☆☆☆☆☆☆ Lv.1	17

2章　数やお金の単位を知る

問	問題	難易度	ページ

1. 重さの単位

問	問題	難易度	ページ
9	次の重さは江戸時代にはどう書かれたでしょうか。 （い）254匁　（ろ）420匁　（は）1300匁　（に）13200匁	★☆☆☆☆ Lv.1	25
10	次の重さは江戸時代にはどう書かれたでしょうか。 （い）12.3匁　（ろ）23.5匁　（は）3.45匁	★☆☆☆☆ Lv.1	25
11	1784年『算法童子問』より 人参13匁5分の重さは、両の単位にするとどれぐらいでしょうか。	★★☆☆☆ Lv.2	27

2. 物の長さを測る

問	問題	難易度	ページ
12	次の長さは江戸時代にはどう書かれたでしょうか。 （い）21尺　（ろ）15.2尺　（は）1032寸　（に）1.23寸	★☆☆☆☆ Lv.1	29
13	1671年『古今算法記』より （い）呉服尺で測って3丈5尺の絹は、曲尺ではどれぐらいでしょうか。 （ろ）曲尺で測って2丈5尺の絹は、鯨尺ではどれぐらいでしょうか。 （は）呉服尺で測って3丈の絹は、鯨尺ではどれぐらいでしょうか。	★★★☆☆ Lv.3	31

3. 距離を測る

問	問題	難易度	ページ
14	次の距離は江戸時代にはどう書かれたでしょうか。 （い）70間　（ろ）80町　（は）2300間	★★☆☆☆ Lv.2	37
15	次の距離は江戸時代にはどう書かれたでしょうか。ただし1間を6尺5寸とします。 （い）15尺　（ろ）33尺　（は）403尺	★★☆☆☆ Lv.2	37

4. 広さを測る

問	問題	難易度	ページ
16	1792年『改算智恵車大全』より 高さ2間、幅7間の壁は何坪でしょうか。	★★☆☆☆ Lv.2	39
17	1831『永寳塵劫記大成』より 125坪の直屋鋪（長方形の土地）があります。横が5間のとき、長さはいくつでしょうか。	★★☆☆☆ Lv.2	39
18	次の広さは江戸時代にはどう書かれたでしょうか。 （い）35歩　（ろ）630歩　（は）2000歩	★★☆☆☆ Lv.2	40
19	次の広さは江戸時代にはどう書かれたでしょうか。 （い）25.3歩　（ろ）10.02歩　（は）1.25坪　（に）0.5坪	★☆☆☆☆ Lv.1	41

7. 小判の単位（金貨）

問	問題	難易度	ページ
20	「年間の支出のうち交際費は、盆に金1両、暮に金2両、五節句に金2分2朱、他（お祝いやお見舞い）金2分」 さて、これらを合わせると、いくらになるでしょうか。	★★☆☆☆ Lv.2	51
21	旅籠代248文払います。銭緡を2本持っているとして、正味いくらになりますか。	★★★★☆ Lv.4	53

3章　江戸の単位を上手に使いながら計算しよう

問	問題	難易度	ページ

1. 重さの単位の計算

| 22 | 1792年『改算智恵車大全』より
重さ1斤の胡椒の値段は銀1匁6分です。これを18斤買うといくらでしょうか。 | ★★☆☆☆ Lv.2 | 64 |
| 23 | 1784年『算法童子問』より
たばこは1斤の重さが160目です。すると重さ200目では何斤でしょうか。 | ★★☆☆☆ Lv.2 | 65 |

2. 長さの単位の計算

24	1684年『算法闕疑抄』より 布が150反あります。布1反の値段が銀7匁5分のとき、布代は合わせていくらでしょうか。	★★☆☆☆ Lv.2	66
25	1792年『改算智恵車大全』より 幅1尺、厚さ7寸の木材を木挽きします。幅1尺、厚さ1尺で、長さが同じ木材の引き賃が銀4分のとき、いくらになるでしょうか。ただし、引き賃は板の厚さによって決まります。	★★☆☆☆ Lv.2	67
26	1784年『算法童子問』より 三十三間堂があります。1間の長さを6尺5寸とすれば、どれだけの長さになりますか。ただしここでは、三十三間堂の長さを33間として計算してください。	★★☆☆☆ Lv.2	68
27	1792年『改算智恵車大全』より 絹13疋半の代銀は銀783匁です。1疋あたりにするといくらでしょうか。	★★☆☆☆ Lv.2	69

3. かさの単位の計算

28	1792年『改算智恵車大全』より 油1石の値段は銀287匁です。油3斗8升ではいくらになるでしょうか。	★★☆☆☆ Lv.2	70
29	1784年『算法童子問』より 米1升あたりの米粒の数は63800粒といわれています。 それでは127600000粒では、どれぐらいの米の量でしょうか。	★★☆☆☆ Lv.2	71
30	1792年『改算智恵車大全』より 塩屋は塩を俵に詰め、1俵、2俵という単位で塩問屋と取り引きをしています。 さていま、37俵の塩を買い付けようと思います。 1俵の値段が銀1匁7分ならば、全部でいくらになるでしょうか。	★★☆☆☆ Lv.2	72
31	1627年『塵劫記（26条本）』より 蔵に蓄えていた3456石の米を、4斗俵いっぱいに詰めます。米俵いくついりますか。	★★☆☆☆ Lv.2	73

4. 広さの単位の計算

| 32 | 1659年『改算記』より
広さ1段につき1石8斗の米が収穫できる田があります。広さが8畝15歩では、どれぐらいの米が取れるでしょうか。 | ★★☆☆☆ Lv.2 | 74 |

問	問題	難易度	ページ
33	1820年『萬徳塵劫記商売鑑』より 広さ1丁2段5畝の農地を手放すことにしました。 1段につき銀800目の金額でゆずるならば、全部でいくらになるでしょうか。	★★☆☆☆ ☆☆☆☆ Lv.2	75
34	『世法塵劫記智玉筌』より 中国から輸入した、長さ6尺5寸、幅が5尺2寸の大きさの羅紗があります。 1尺坪の代銀が4匁3分5厘のとき、この羅紗はいくらでしょうか。	★★★☆☆ ☆☆☆☆ Lv.3	76
35	1792年『改算智恵車大全』より 金らんという高価な布があります。幅1尺2寸、長さ6尺の大きさの代銀が 57匁6分のとき、1寸坪あたりではいくらでしょうか。	★★★☆☆ ☆☆☆☆ Lv.3	77

5. 体積や容積の単位の計算

問	問題	難易度	ページ
36	1627年『塵劫記(26条本)』より (1) 横幅15間、長さ383間、深さ2間の直方体の堀を掘ります。 ここから出る土砂の量は、何立坪でしょうか。 (2) 直方体の形の堀があります。容積は5000立坪、堀の横幅5間、深さ2間半ならば、堀の長さはいくつでしょうか。	★★☆☆☆ ☆☆☆☆ Lv.2	78
37	1627年『塵劫記(26条本)』より 「三角わく」という造作物があります。これには川の流れを調節したり、堤防を補強する役割があります。「三角わく」は三角柱の形をしています。図のように底面を、斜辺の長さが2間の直角二等辺三角形とします。その高さが2間のとき、この「三角わく」の容積はいくつでしょうか。	★★☆☆☆ ☆☆☆☆ Lv.2	79

6. いろいろな計算

問	問題	難易度	ページ
38	『世法塵劫記智玉筌』より 秩父には有名な秩父絹があります。その秩父絹1疋の長さは5丈4尺です。 長さ1尺の値段が銀8分のとき、1反ではいくらになるでしょうか。	★★☆☆☆ ☆☆☆☆ Lv.2	80
39	1792年『改算智恵車大全』より 醤油1石につき、銀40匁の値段です。 この醤油7升を樽につめたときの代銀は合わせていくらになるでしょうか。ただし樽代は銀1匁3分です。	★★☆☆☆ ☆☆☆☆ Lv.2	81
40	1820年『萬徳塵劫記商売鑑』より くり綿6貫400匁の重さにたいして、その金額は銀100匁と言われました。 別の問屋と値段を比べたいので、唐目1斤あたりの値段を出したいと思います。さていくらでしょうか。ただし、唐目1斤は160匁です。	★★★☆☆ ☆☆☆☆ Lv.3	82
41	1793年『算法智恵海大全』より 小判で米を買います。小判1両につき米1石6斗の代金のとき、米1石の値段はいくらになるでしょうか。	★★★☆☆ ☆☆☆☆ Lv.3	83

4章　比や割合を使いこなした江戸時代

問	問題	難易度	ページ
1. くらべる量ともとにする量			
42	1820年『萬徳塵劫記商売鑑』より 絹180疋を織るのに、重さにして14貫508匁の糸が必要です。では絹45疋ではどれぐらいの糸がいるでしょうか。	★★☆☆☆ Lv.2	87
43	『世法塵劫記智玉筌』より 黒砂糖1斤の代銀は銀2匁8分です。では、目方（重さ）120匁ではいくらになるでしょうか。ただし黒砂糖1斤を160匁とします。	★★★☆☆ Lv.3	87
44	1784年『算法童子問』より 紙1束は400枚です。 5束の代銀が銀21匁のとき、紙150枚ではいくらでしょうか。	★★★☆☆ Lv.3	88
45	『世法塵劫記智玉筌』より 平野目1斤は220目です。平野目56斤の代銀が61匁6分のとき、分銅目36斤ではいくらになるでしょうか。ただし分銅目1斤は300目です。	★★★☆☆ Lv.3	89
46	1631年『新編塵劫記（48条本）』より たての長さが38間5尺2寸、横が25間の長方形の田があります。この面積はいくつでしょうか。ただし1間を6尺5寸とします。	★★★☆☆ Lv.3	90
47	1792年『改算智恵車大全』より 高さ5尺2寸、幅20間の塀があります。この塀の坪数はどれぐらいでしょうか。ただし1間を6尺5寸とします。	★★★☆☆ Lv.3	90
48	1827年『広用算法大全』より 表通りに面したある表店の大きさは、表口が1丈3尺、裏行が3丈9尺です。坪数にするとどれぐらいでしょうか。ただし1間を6尺5寸とします。	★★★☆☆ Lv.3	91
2. ものさしの換算			
49	1831年『算法稽古図会大成』より 絹1反の布地にうろこ形の金箔を貼ります。 絹のたけは鯨尺で測り、幅が1尺3寸、長さが2丈8尺です。 これに1辺が曲尺で3寸の正方形の金箔を貼るとき、何枚必要になるでしょうか。	★★★★★ Lv.5	92
3. 比や割合を線分図で表す			
50	1627年『塵劫記（26条本）』より 米100石を船で運ぶには、米7石の運賃がかかります。いま250石の米があります。この中から船の運賃も払うとすると、運ばれる米はどれぐらいでしょうか。	★★★★☆ Lv.4	95

問	問題	難易度	ページ
51	1627年『塵劫記（26条本）』より 農村では収穫物の一部を税金として納めました。収穫量に応じて納める税金を年貢といいます。これには本米、口米、夫米とよばれ種々の税金がかかってきました。 口米…諸経費という名目の税金。 夫米…夫役と言って義務的な労働が課せられていた時代があった。その名残りとして、人足を出さずに代わりに納める税金。 本米1石につき、口米が2升、夫米が6升の割合です。 （い）納めた年貢が24710石4斗のとき、本米はどれくらいですか。 （ろ）納めた夫米が米1372石8斗のとき、本米はどれぐらいですか。	★★★★☆ ☆☆☆ Lv.4	96

4. 長崎の買い物

問	問題	難易度	ページ
52	1631年『新編塵劫記（48条本）』より 京・堺・大坂の3商人は、京の商人が銀64貫800匁、堺の商人が銀52貫300匁、大坂の商人が銀42貫900匁の合わせて銀160貫匁を持っています。 この3商人が協同で、人参250斤、沈香70斤、巻き物280巻、糸8400斤を中国から輸入します。 商人たちは出した金額にあわせて、購入した品物を平等に分けるとします。 それぞれの品物について、各商人が手にするのはどれぐらいの量でしょうか。	★★★★☆ ☆☆☆ Lv.4	98

5. 味噌・醤油の仕込み

問	問題	難易度	ページ
53	1784年『算法稽古車』より 味噌造りをします。それには大豆1升について、糀9合、塩3合5勺を混ぜて仕込みます。いま銀56匁9分の金額を余さず使い、味噌を仕込むことにしました。まず薪代が3匁かかり、大豆、糀、塩は、 大豆1升あたり銀2分5厘 糀1升あたり銀5分 塩1升あたり銀2分 の金額がかかるとき、大豆、糀、塩はそれぞれいくら分買えるでしょうか。	★★★★★ ☆☆☆ Lv.5	100

6. 消去算

問	問題	難易度	ページ
54	1674年『算法闕疑抄』より 今朝、鯛2枚と鯉3喉を買ったら合せて銀82匁5分でした。また晩に、鯛3枚と鯉1喉を買ったら合せて銀62匁5分です。このとき、鯛1枚と鯉1喉の値段はそれぞれいくらでしょうか。	★★★★★ ☆☆☆ Lv.5	102
55	1784年『算法童子問』より 梨は1個が銭23文、桃は16個で銭1文です。いま、買った個数と値段が同じになるように梨と桃を買いました。買った個数はそれぞれいくつか、最小の場合で答えてください。	★★★★★ ☆☆☆ Lv.5	103

問	問題	難易度	ページ

7. 割合が一定に増減する

| 56 | 1784年『算法童子問』より
京（京都）より186里はなれた故郷へ帰ります。
初日は道を急ぎましたが、次の日に足を痛めて初日の半分しか歩けませんでした。さらに3日目は疲れて2日目の半分、4日目は3日目の半分、5日目は4日目の半分とだんだんと減っていき、5日目にちょうど故郷に着きました。さて1日に歩いた道のりは何里でしょうか。
京からの道のり
1日目　2日目　3日目　4日目5日目 | ★★★★☆
☆☆☆☆ Lv.4 | 104 |

8. 交会術

| 57 | 1784年『算法童子問』より
甲乙2人の飛脚が120里離れた京と江戸の間を往復します。甲は1日に14里、乙は11里歩きます。2人の飛脚が同時に京を出発するとき、出会ったのは出発してから何日後でしょうか。 | ★★★★☆
☆☆☆☆ Lv.4 | 106 |
| 58 | 1743年『勘者御伽雙紙』より
周囲が100里の池があり、馬と牛が同じところからいっしょに出て、同じ方向へ池の周囲をまわります。馬は1日に30里、牛は5里進むとして、馬が牛に追いつくのは出発してから何日後のことでしょうか。 | ★★★★☆
☆☆☆☆ Lv.4 | 107 |

9. 歩合を理解しよう

| 59 | 1627年『塵劫記（26条本）』より
ある村のお百姓さんたちは、収穫した米の6割5分を物成として納めます。今年は米35200石が収穫できたとして、領主に納める物成はどれぐらいでしょうか。 | ★★★★☆
☆☆☆☆ Lv.4 | 108 |
| 60 | 1631年『新編塵劫記（48条本）』より
ある大名の領地の米の収穫高は57300石です。このうち38964石を物成として納めたとすると、物成の割合はどれだけでしょうか。 | ★★★★☆
☆☆☆☆ Lv.4 | 109 |

10. 今では使われない割合

| 61 | 1627年『塵劫記（26条本）』より
丁銀975匁を灰吹銀と交換します。丁銀の内2割引で灰吹銀と交換するとき、灰吹銀でどれぐらいの重さになるでしょうか。 | ★★★★★
★☆☆☆ Lv.6 | 110 |
| 62 | 1627年『塵劫記（26条本）』より
丁銀975匁を灰吹銀と交換します。丁銀の外2割引で灰吹銀と交換するとき、灰吹銀でどれぐらいの重さになるでしょうか。 | ★★★★★
★☆☆☆ Lv.6 | 111 |

11. 線分図のまとめ

| 63 | 1784年『算法稽古車』より
金7050匁を5人の子に次のように分けます。
・1番目より2番目は、金100匁少ない
・2番目より3番目は、金500匁少ない
・3番目より4番目は、金300匁少ない
・4番目より5番目は、金450匁少ない
このとき、5人の子それぞれの取り分はそれぞれいくらになるでしょうか。 | ★★★★★
☆☆☆☆ Lv.5 | 112 |

問	問題	難易度	ページ
64	1684年『算法闕疑抄』より 銀379匁4分2厘があって、これを上・中・下の3つに分けます。 ・上より中は、外2割半(外2割5分)少ない ・中より下は、外2割半(外2割5分)少ない このとき、上・中・下はそれぞれどれぐらいになりますか。	★★★★★ ★☆☆ Lv.6	113
65	1827年『広用算法大全』より 銀9貫760匁を年2割5分の利率で借ります。1年ごとにある一定額を返済することにしたら、ちょうど3年間ですべてを返し終えました。1年間で返した金額はいくらでしょうか。	★★★★★ ★☆☆ Lv.6	114

5章　面積図を使いこなす算法

問	問題	難易度	ページ

1. 面積図から逆比を使う

問	問題	難易度	ページ
66	1784年『算法童子問』より 上酒1樽は銀12匁、下酒1樽は銀9匁の値段です。 下酒3樽分の金額では、上酒では何樽買えるでしょうか。	★★★★☆ ☆☆☆ Lv.4	117
67	1827年『広用算法大全』より 表口42間3尺9寸、裏行75間の広い屋敷があります。同じ大きさの土地で、表口を50間とるには、裏行はどれぐらいにすればよいでしょうか。 ただし1間を6尺5寸とします。	★★★★☆ ☆☆☆ Lv.4	117
68	1674年『算法闕疑抄』より 「七書講義」16冊分と「太平記」40冊分の値段は同じです。1冊の値段は、「七書講義」が銀1匁3分5厘高いとき、それぞれの1冊の値段はいくらですか。	★★★★★ ☆☆☆ Lv.5	118

2. 鶴亀算

問	問題	難易度	ページ
69	1674年『算法闕疑抄』より 雉と兎を合せると60疋います。足の数が合わせて150本のとき、雉と兎はそれぞれ何疋ずつでしょうか。ただし雉の足は2本、兎は4本です。	★★★★★ ☆☆☆ Lv.5	120
70	1634年『新編塵劫記(63条本)』より 大工には上・中・下と技量により3つのランクがあり、 　上大工は540人、中大工は1100人、下大工は860人 ののべ2500人を集め、ある建物を築きます。その工質(賃金)は合わせて米100石分で、 　中大工1人分は上大工1人分の工質より7合少ない 　下大工1人分は中大工1人分の工質より8合少ない とします。このとき、上・中・下それぞれの大工1人が受けとる工質は、米にしてどれぐらいでしょうか。	★★★★★ ☆☆☆ Lv.5	122

問	問題	難易度	ページ

3. 絹盗人算

| 71 | 1684年『算法闕疑抄』より
橋の下で盗んだ絹を分けています。聞き耳を立てると、
「1人に8反ずつ分けると、5反不足する」
「1人に7反ずつ分ければ、こんどは10反あまる」
と何やらひそひそと分け前について話し合っているようです。
盗賊は全部で何人いるかわかりますか。 | ★★★★★
★☆☆ Lv.5 | 124 |

4. 俵杉算

| 72 | 1659年『改算記』より
米俵が図のように、最上段に1俵、上から2段目に2俵という順に、下段へいくほど1俵ずつ増えるように積まれています。
いちばん下の段には8俵あります。このとき米俵の数は全部でいくつありますか。 | ★★★★★
★☆☆ Lv.5 | 127 |
| 73 | 1627年『塵劫記(26条本)』より
いちばん上が8俵で、下へいくほど1俵ずつ増え、いちばん下が18俵になるように米俵を積んでいきます。このとき、米俵は全部でいくつあるでしょうか。 | ★★★★★
★☆☆ Lv.5 | 128 |

5. 入子算

| 74 | 1631年『新編塵劫記(48条本)』より
7つ入れ子の鍋を銀21匁で買いました。大きい順に鍋を並べるとその値段は、銀6分ずつ減っていきます。このときいちばん大きい鍋の値段はいくらですか。 | ★★★★★
★☆☆ Lv.5 | 130 |

6. 橋入目算

| 75 | 1631年『新編塵劫記(48条本)』より
川にかかる2つの橋の修理をします。その費用は銀7貫が必要で、近くの町に負担してもらうことにしました。2つの橋の間には4町あり、橋の外には北に3町、南に7町の合わせて14町あって、費用の負担額は次のようです。
まず橋の間の4町は同額で最も多く、橋の外側の町ではそれより1町離れるごとに、銀貨1枚分(銀43匁)ずつ少なくします。では、2つの橋の間の町は、それぞれいくらずつ負担することになるでしょうか。
北3 北2 北1 4 南1 南2 …… 南7 | ★★★★★
★☆☆ Lv.5 | 132 |

7. 竹束問題

76	1674年『算法闕疑抄』より 図のように竹を円形に束ねます。周囲の竹が全部で18本あるとき、竹の数は全部で何本あるでしょうか。	★★★★★ ★☆☆ Lv.6	134
77	1743年『勘者御伽雙紙』より 釜で1升5合のご飯を炊くとき、どれぐらいの水が必要でしょうか。	★★★★★ ★★★ Lv.8	136
78	1784年『算法童子問』より 木綿1反は銀7匁です。1尺につきいくらでしょうか。ただし1反は2丈6尺(26尺)とします。	★★★★★ ★★★ Lv.8	136
79	1784年『算法童子問』より 長さ9間、幅(かた)2間、深さ1間の舟に積める量はどれぐらいでしょうか。	★★★★★ ★★★ Lv.8	136

6章　両替の計算

問	問題	難易度	ページ

1. 銭の売買

問	問題	難易度	ページ
80	両替屋さんへ寄りました。 1627年『塵劫記(26条本)』より (い) 銭1貫文の相場が銀16匁のとき、銀1匁について銭何文でしょうか。 1659年『改算記』より (ろ) 銀1匁につき銭50文の相場のとき、銭1貫文では銀何匁でしょうか。	★★★★☆ ★☆☆ Lv.4	138
81	1627年『塵劫記(26条本)』より (い) 銭1貫文の相場が銀16匁のとき、銀75匁について銭何文でしょうか。 (ろ) 銭1貫文の相場が銀18匁のとき、銭4貫324文では銀何匁でしょうか。	★★★★☆ ★☆☆ Lv.4	140

2. 小判両替

問	問題	難易度	ページ
82	1784年『算法童子問』より 銀3貫500匁では小判58両1分に両替でき、さらに銀5匁が余ります。このとき小判1両の相場は銀何匁でしょうか。	★★★★☆ ★☆☆ Lv.4	142
83	1659年『改算記』より 小判1両につき銀64匁の相場です。銀351匁6分8厘ではどれぐらいになるでしょうか。	★★★★☆ ★☆☆ Lv.4	143
84	1716年『算法大全指南車』より たて6丁、横5丁の広さの村に、1日に降った雨の量をもとめます。	★★★★★ ★★★ Lv.8	144
85	1827年『広用算法大全』より 1立坪の蔵に入る米俵は62俵。	★★★★★ ★★★ Lv.8	144

7章　図形の絡む算法

問	問題	難易度	ページ

1. 畳敷きの問題

問	問題	難易度	ページ
86	1655年『新編諸算記』より たて6尺3寸、横3尺1寸5分の大きさの畳を、図1のような8畳の正方形の部屋にぴったり収まるように敷きつめます。 いま、この部屋の中央に1辺が1尺5寸の正方形の囲炉裏をとり、その周囲を先ほどと別の大きさの畳8枚を図2のように新しく敷くことにしました。 敷いた新しい畳のたてと横の辺の長さはどれぐらいでしょうか。ただし畳のたてと横の辺の長さは、2:1である必要はありません。	★★★★★ ★☆☆ Lv.6	146

(図1)　(図2)

2. 屏風に金箔を貼る

問	問題	難易度	ページ
87	1631年『新編塵劫記(48条本)』より 高さ6尺、幅が2尺の大きさを6扇(6枚)つなげた屏風があります。この周囲を2寸2分の太さで縁どりしたのち、6扇すべてにたて3尺8寸、横1尺5寸の大きさの押絵を貼ることにしました。いま、1辺が4寸の正方形の金箔を細かくし、屏風の残った部分に貼ってうめることにしました。金箔は何枚あれば足りるでしょうか。	★★★★★ ★☆☆ Lv.6	148

問	問題	難易度	ページ

3. 拡大や縮小から面積の比や体積の比を求める

問	問題	難易度	ページ
88	1659年『改算記』より 長さをそろえたたくさんの柴を、縄でくくり束ねます。そこで1束を2尺5寸の縄でくくると、柴は全部で360束になります。次に同じ柴を今度は1束を3尺の縄でくくれば、柴は全部で何束になるでしょうか。	★★★★★ ★★☆ Lv.7	150
89	1622年『諸勘分物』より 5寸角長さ5間の材木が80本あります。これと体積が同じになるように、4寸角長さ4間の材木に置きかえるとすると、何本が必要でしょうか。	★★★★★ ★☆☆ Lv.5	152

4. 拡大や縮小を利用して距離や高さを知る

問	問題	難易度	ページ
90	1627年『塵劫記(26条本)』より 遠くはなれたところに身長5尺の人が立っています。鉄尺に長さ2尺1寸7分の糸をつけて、糸のはしを口にくわえます。ものさしを持った腕を真っ直ぐに伸ばし、遠くに立っているひとの身長を測ると8厘の長さに見えました。さて、測る人と遠くに立っている人との距離はどれぐらいでしょうか。	★★★★★ ★☆☆ Lv.6	154
91	1684年『算法闕疑抄』より 図のように、遠くの樹の根までの距離を測ります。そこで1辺が6尺の正方形の板を用意すれば、目線と樹の根を一直線で結んだ線は、板の上から3寸のところを通るそうです。人から樹までの距離はどれぐらいでしょうか。	★★★★★ ★☆☆ Lv.6	156
92	1627年『塵劫記(26条本)』より 正方形の鼻紙を対角線で半分に折って直角二等辺三角形を作り、直角の角に小石をつり下げます。この紙を目の位置でかかげながら、斜辺の延長の先に木の頂点がくる場所まで移動します。するとこの場所は木の根元から7間はなれたところでした。さてこの木は、自分の目の高さより何間高いでしょうか。	★★★★★ ★☆☆ Lv.6	158

8章　江戸の算術パズル

問	問題	難易度	ページ

1. 百五減算

問	問題	難易度	ページ
93	1631年『新編塵劫記(48条本)』より 105より小さい数があります。この数から、7をひけるだけひくと2あまります。またこの数は、5をひけるだけひくと1あまります。さらに3をひけるだけひくと2あまります。さてその数はいくつでしょうか。	★★★★★ ★★☆ Lv.7	162

2. 薬師算

問	問題	難易度	ページ
94	1631年『新編塵劫記(48条本)』より 碁石を正方形の周の形に並べます。その碁石をくずし、さきほどの正方形の一辺と同じ数ずつになるように並べ直します。すると最後の列の碁石だけは4つになりました。碁石の数は全部でいくつでしょうか。	★★★★★ ★★☆ Lv.7	164

問	問題	難易度	ページ
95	1743年『勘者御伽雙紙』より 碁石を正三角形の周の形に並べます。その碁石をくずし、さきほどの正三角形の一辺と同じ数ずつになるように並べ直すと、最後の列の碁石だけは5つになりました。碁石の数は全部でいくつでしょうか。	★★★★★ ★★☆ Lv.7	165

3. 三角錐垜

| 96 | 1684年『算法闕疑抄』より
図のように球を6段積み上げた三角錐垜があります。この三角錐垜には、最上段に1個、2段目に3個、3段目に6個の球があります。さて、球は全部でいくつあるでしょうか。 | ★★★★★
★★☆ Lv.7 | 166 |

4. 四角錐垜

| 97 | 1684年『算法闕疑抄』より
図のように球を6段積み上げた四角錐垜があります。この四角錐垜には、最上段は1個、2段目は4個、3段目は9個の、…の球があります。さて、球は全部でいくつあるでしょうか。 | ★★★★★
★★☆ Lv.7 | 168 |

5. 油分け算

| 98 | 1631年『新編塵劫記(48条本)』より
桶に油が1斗入っています。7升入りと3升入りの2つの桝を使って、油を5升ずつに分けようと思います。どのようにしたらいいでしょうか。 | ★★★★★
★★☆ Lv.7 | 170 |

6. 円法

| 99 | 1627年『塵劫記(26条本)』より
(い) 差し渡し(直径)が15間の円形の土地の面積はいくつでしょうか。
ただし円廻法(円周率)3.16、円法(円積率)0.79とします。
(ろ) 周りの長さが47間2尺6寸の円形の土地の面積 はいくらでしょうか。
ただし円廻法(円周率)3.16、円法(円積率0.79)とします。 | ★★★★☆
☆☆☆ Lv.4 | 173 |
| 100 | 1704年『新編塵劫記』より
屋敷のまわりに田畑があります。内側の周の長さが84間、外側の周の長さは120間の円形であって、2つの幅は6間です。このとき田畑の面積はどれぐらいでしょうか。ただし円周率は3とし、面積の単位は段、畝、歩としてください。 | ★★★★★
☆☆☆ Lv.5 | 174 |

7. 開平法と開立法

| 101 | 1627年『塵劫記(26条本)』より
面積が15129坪の正方形の1辺の長さを求めます。 | ★★★★★
★☆☆ Lv.6 | 176 |
| 102 | 1627年『塵劫記(26条本)』より
体積が1728立坪の立方体の1辺の長さを求めます。 | ★★★★★
★★★ Lv.8 | 177 |

さくいん

ア行

埃（あい）	16
小豆（あずき）	46
阿僧祇（あそうぎ）	14
油（あぶら）	70
油分け算（あぶらわけざん）	170
壱（いち）	8
一（いち）	12
田舎間（いなかま）	41
今枡（います）	44, 62
入子算（いれこざん）	130
因（いん）	21
引（いん）	28
宇治目（うじめ）	27
内2割引（うちにわりびき）	110
内2割増（うちにわりまし）	110
裏行（うらゆき）	117
江戸間（えどま）	41
円積率（えんせきりつ）	172
塩田（えんでん）	72
円法（えんぽう）	172
億（おく）	12
桶（おけ）	29
お酒（おさけ）	45
お茶（おちゃ）	27
重さ（おもさ）	24, 64, 70

カ行

荷（か）	49
加（か）	21
垓（がい）	14
蚕（かいこ）	69
開平法（かいへいほう）	176
開立法（かいりゅうほう）	176
家屋（かおく）	39
かさ	44, 70
曲尺（かねじゃく）	28, 92
亀井算（かめいざん）	22
からす算（からすざん）	13
唐目（からめ）	26
潤（かん）	14
貫（かん）	24, 52
寛永通宝（かんえいつうほう）	52
帰（き）	21
生糸（きいと）	69
木戸（きど）	35
絹盗人算（きぬぬすびとざん）	124
着物（きもの）	32, 66
逆比（ぎゃくひ）	116, 151
玖（きゅう）	9
京間（きょうま）	41
京枡（きょうます）	62
距離（きょり）	34
金（きん）	26
斤（きん）	26, 64, 69
銀（ぎん）	26
金貨（きんか）	50
銀貨（ぎんか）	54
金らん（きん）	77
鯨尺（くじらじゃく）	30, 92
口米（くちまい）	96
栗（くり）	26
栗石（くりいし）	26
くり綿（くりわた）	27, 83
九六銭（くろくせん）	53
圭（けい）	44
京（けい）	14
欠（けつ）	11
下田（げでん）	47
下畠（下畑）（げばた）	47
間（けん）	34, 36, 39, 42
減（げん）	21
見一（けんいち）	21
間竿（けんざお）	34
建造物（けんぞうぶつ）	39
間坪（けんつぼ）	39, 40
見二（けんに）	21
伍（ご）	8
溝（こう）	14
合（ごう）	44, 46
交会術（こうかいじゅつ）	106
恒河沙（ごうがしゃ）	14
石（こく）	44, 46, 58, 70
極（ごく）	14
穀物（こくもつ）	46
石盛（こくもり）	47
胡椒（こしょう）	27, 65
忽（こつ）	16
小判（こばん）	50, 142
呉服尺（ごふくじゃく）	30
米（こめ）	46
米俵（こめだわら）	49, 59, 73, 126
米の相場（こめのそうば）	71
喉（こん）	102

サ行

差（さ）	21
差集め算（さあつめざん）	112
載（さい）	14
抄（さい）	44
棹秤（さおばかり）	25
撮（さつ）	44
参（さん）	8
三角錐埣（さんかくすいだ）	166
三貨制度（さんかせいど）	56
山帰来（さんきらい）	27
卅（さんじゅう）	9
山椒目（さんしょうめ）	27
三之（さんの）	21
肆（し）	8
絲（し）	16
咫（じいん）	28
自因（じいん）	21
塩（しお）	45, 72
四角錐埣（しかくすいだ）	168
敷地（しきち）	39
自乗（じじょう）	21
漆（しち）	9
実綿（じつめん）	83
縞木綿（しまもめん）	83
〆（しめ）	24
沙（しゃ）	16
勺（しゃく）	44
尺（しゃく）	28, 34, 42, 66, 76
尺坪（しゃくつぼ）	40, 76
朱（しゅ）	50
拾（じゅう）	9
十（じゅう）	12
集計（しゅうけい）	11
十分（じゅうぶん）	17
純銀（じゅんぎん）	110
除（じょ）	21
商（しょう）	21
升（しょう）	44
穣（じょう）	14
乗（じょう）	21
常（じょう）	28
尋（じん）	28
丈（じょう）	28, 34
消去算（しょうきょざん）	102
上銀（じょうぎん）	110
小乗（しょうじょう）	15
省銭（しょうせん）	53
上田（じょうでん）	47
上畠（上畑）（じょうばた）	47
醤油（しょうゆ）	45, 81, 100
代（しろ）	38
白目（しろめ）	27
塵（じん）	16
仞（じん）	28
真鍮（しんちゅう）	26
錫（すず）	26
砂（すな）	26
炭（すみ）	45
寸（すん）	28, 34, 42, 66, 76
寸坪（すんつぼ）	40, 76
畝（せ）	38, 74
正（せい）	11, 14

青海波（せいがいは）	52
積（せき）	21
銭（ぜに）	52, 138
銭緡（ぜにさし）	53
千（せん）	12
繊（せん）	16
線分図（せんぶんず）	94
相場（そうば）	57
粟（ぞく）	44
外2割引（そとわりびき）	111
外2割増（そとわりまし）	111

タ行

代銀（だいぎん）	69
大字（だいじ）	8
大乗（だいじょう）	15
大豆（だいず）	46
体積（たいせき）	42, 78, 152
畳（たたみ）	41
畳敷きの問題（たたみじきのもんだい）	146
旅人算（たびびとざん）	106
玉（たま）	11
俵杉算（たわらすぎざん）	126
端（たん）	32
反（たん）	32, 38, 66, 69, 74
段（だん）	38, 47, 74
団地間（だんちま）	41
反物（たんもの）	66
杠秤（ちぎ）	25
竹束問題（ちくそくもんだい）	134
茶目（ちゃめ）	27
中田（ちゅうでん）	47
中畠（中畑）（ちゅうばた）	47
枡（ちょ）	14
兆（ちょう）	12
町（ちょう）	34, 36, 38
丁（ちょう）	38, 75
丁銀（ちょうぎん）	54, 110
土（つち）	26
壺（つぼ）	29
坪（つぼ）	39
鶴亀算（つるかめざん）	120
鉄（てつ）	26
鉄尺（てつじゃく）	154
天秤（てんびん）	25
斗（と）	44, 70
銅（どう）	26
銅貨（どうか）	52
刻（とき）	60
斗代（とだい）	47
土地（とち）	46
徳利（とっくり）	29

ナ行

長さ（ながさ）	28, 66

長屋（ながや）	35
菜種油（なたねあぶら）	70
鉛（なまり）	26
那由他（なゆた）	14
弐（に）	8
二一天作五（にいちてんさくのご）	83, 109
廿（にじゅう）	9
卅（にじゅう）	9
二朱銀（にしゅぎん）	55
日本目（にほんめ）	27
布（ぬの）	66, 76
布地（ぬのじ）	40
布盗人（ぬのぬすびと）	125
ねずみ算（ねずみざん）	13, 15

ハ行

倍（ばい）	21
灰吹銀（はいふきぎん）	110
羽織（はおり）	32
漠（ばく）	16
橋入目算（はしのいりめざん）	132
捌（はち）	9
八算（はっさん）	20
比（ひ）	94
微（び）	16
匹（ひき）	32
疋（ひき）	32, 50, 69
檜（ひのき）	26
百（ひゃく）	12
百五減算（ひゃくごげんざん）	162
俵（ひょう）	49, 72
渺（びょう）	16
平野目（ひらのめ）	27
広さ（ひろさ）	38, 74
分（ぶ）	16, 24, 40, 50
歩（ぶ）	38, 39, 74
歩合（ぶあい）	17, 108
不可思議（ふかしぎ）	14
札差（ふださし）	59
不定時法（ふていじほう）	60
夫米（ふまい）	96
分銅（ふんどう）	25, 55
分銅目（ふんどうめ）	27
冪（べき）	21
紅花（べにばな）	27
俸禄（ほうろく）	58
棒手振り（ぼてふり）	84
本米（ほんまい）	96

マ行

巻（まき）	33
枡（ます）	62
豆板銀（まめいたぎん）	54
繭（まゆ）	69

万（まん）	12
万進法（まんしんほう）	15
水（みず）	26
味噌（みそ）	45, 100
実綿目（みわため）	27
昔枡（むかします）	62
麦（むぎ）	46
武者枡（むしゃます）	62
むしろ綿（むしろわた）	83
無量大数（むりょうたいすう）	14
目（め）	24
女児算（めのこざん）	22
目の子算（めのこざん）	22
綿（めん）	83
綿実油（めんじつゆ）	70
面積（めんせき）	38, 116, 150
毫（もう）	16
木材（もくざい）	67
餅米（もちごめ）	46
望月（もちづき）	18
ものさし	29, 92
物成（ものなり）	109
木綿（もめん）	27, 83
文（もん）	52
匁（もんめ）	24, 54, 64, 69

ヤ行

薬師算（やくしざん）	164
薬種類（やくしゅるい）	27
屋敷（やしき）	39
山目（やまめ）	27
譲り金の問題（ゆずりきんのもんだい）	112
輸入品（ゆにゅうひん）	98
容積（ようせき）	42, 44, 62, 78, 152
四進法（よんしんほう）	50

ラ行・ワ行

羅紗（らしゃ）	76
里（り）	34, 36
利足（りそく）	114
立方尺（りっぽうじゃく）	42
立方寸（りっぽうすん）	42
立方坪（りっぽうつぼ）	42, 78
立坪（りゅうつぼ）	42, 78
両（りょう）	27, 50
両替屋（りょうがえや）	57, 141
厘（りん）	16, 24, 40
零（れい）	11
令（れい）	11
陸（ろく）	9
和（わ）	21
割合（わりあい）	17, 86, 94, 108
割算書（わりざんしょ）	26, 34, 51, 54, 56

著者プロフィール

谷津　綱一（やつ　こういち）
江戸期まで栄えた算数・数学を和算といいます。この灯が後世へ引き継がれることを願い、
中学への算数（東京出版）などに執筆中。進学塾講師。

カバー	●江口修平
編集・DTP	●BUCH⁺
本文イラスト	●いらすとや、BUCH⁺

まなびのずかん
親子で楽しむ　和算の図鑑

2019 年 8 月 9 日　初版　第 1 刷発行
2024 年 6 月 26 日　初版　第 2 刷発行

定価はカバーに表示してあります。

著　者	谷津綱一	
発行者	片岡　巌	
発行所	株式会社技術評論社	
	東京都新宿区市谷左内町 21-13	
電　話	03-3513-6150	販売促進部
	03-3267-2270	書籍編集部
印刷・製本	大日本印刷株式会社	

本書の一部または全部を著作権法の定める範囲を超え、無断で複写、複製、
転載、テープ化、ファイル化することを禁じます。

Ⓒ 2019　谷津綱一

造本には細心の注意を払っておりますが、万一、乱丁（ページの乱れ）や落
丁（ページの抜け）がございましたら、小社販売促進部までお送りください。
送料小社負担にてお取り替えいたします。
ISBN978-4-297-10685-0 C3041
Printed in Japan

●本書へのご意見、ご感想は、技術評論社ホームページ（http://gihyo.jp/）または以下の宛先へ書面にてお受けしております。電話でのお
問い合わせにはお答えいたしかねますので、あらかじめご了承ください。

〒162-0846　東京都新宿区市谷左内町21－13
株式会社技術評論社書籍編集部　「和算の図鑑」係
FAX：03-3267-2271